TIELU ANQUAN FENGXIAN FENJI GUANKONG
HE YINHUAN PAICHA ZHILI
SHUANGCHONG YUFANG JIZHI SHISHI ZHINAN

铁路安全风险分级管控和隐患排查治理
双重预防机制实施指南

国家铁路局安全技术中心
国能铁路装备有限责任公司 ◎编著

人民交通出版社
北京

内 容 提 要

本书立足铁路行业安全管理实际需求，基于风险管理的理论框架，融合国内外先进实践经验，系统阐述了安全风险分级管控和隐患排查治理双重预防机制的建设路径与实施方法。在理论层面，清晰定义了双重预防机制的基本概念，深入剖析了其在铁路安全管理体系中的功能定位和运行机理；在实践层面，详细阐述了风险辨识评估、分级管控、隐患排查治理等关键环节的操作流程和实施要点，并辅以铁路典型场景应用案例；在管理层面，全面介绍了信息化建设、人员培训和持续改进等配套措施，提供了具有可操作性的实施方案。

本书作为双重预防机制建设的操作指南，主要面向铁路运输、设备造修、工程建设等单位的相关人员，同时也可作为铁路安全相关专业教育培训及高等院校师生的参考用书。

图书在版编目(CIP)数据

铁路安全风险分级管控和隐患排查治理双重预防机制实施指南 / 国家铁路局安全技术中心，国能铁路装备有限责任公司编著. — 北京 : 人民交通出版社股份有限公司，2025. 6. — ISBN 978-7-114-20067-0

Ⅰ. U298-62

中国国家版本馆 CIP 数据核字第 2024CL8092 号

书　　名：铁路安全风险分级管控和隐患排查治理双重预防机制实施指南
著 作 者：国家铁路局安全技术中心　国能铁路装备有限责任公司
责任编辑：谢海龙　张　晓　贾　萱
责任校对：龙　雪
责任印制：张　凯
出版发行：人民交通出版社
地　　址：(100011)北京市朝阳区安定门外外馆斜街 3 号
网　　址：http://www.ccpcl.com.cn
销售电话：(010)85285857
总 经 销：人民交通出版社发行部
经　　销：各地新华书店
印　　刷：北京博海升彩色印刷有限公司
开　　本：787×1092　1/16
印　　张：14.5
字　　数：400 千
版　　次：2025 年 6 月　第 1 版
印　　次：2025 年 6 月　第 1 次印刷
书　　号：ISBN 978-7-114-20067-0
定　　价：86.00 元

编写委员会

主　　编

韩玉皓　惠舒清　帖立彬　卢润平　王飞宽　贾晋军

副 主 编

史强军　杨巨平　解喜文　刘瑞芳　夏逖俊　马世全

韩易昂　陈伟珂　贾　文

主编单位

国家铁路局安全技术中心

国能铁路装备有限责任公司

编写委员会

前言

党的十八大以来，以习近平同志为核心的党中央高度重视安全生产工作。习近平总书记多次强调要统筹发展和安全，明确指出“发展决不能以牺牲安全为代价”这一重要原则。2016年1月，习近平总书记在关于安全生产的重要讲话中，提出要建立“风险分级管控和隐患排查治理双重预防性工作机制”，这一重要论述为新时代安全生产工作指明了方向。2021年修订的《中华人民共和国安全生产法》将双重预防机制纳入法定要求，进一步强化了其在安全生产管理体系中的基础性地位。

为贯彻落实党中央、国务院关于安全生产的决策部署，国家铁路局于2023年相继出台了《铁路安全风险分级管控和隐患排查治理管理办法》（国铁安监规〔2023〕9号）、《铁路交通重大事故隐患判定标准（试行）》（国铁安监规〔2023〕12号）、《铁路建设工程生产安全重大事故隐患判定标准》（国铁工程监规〔2023〕25号）等文件，对铁路行业深入推进双重预防机制建设提出了具体要求。

当前，我国铁路事业正处于快速发展阶段，随着运营里程持续增长，客货运量不断增加，铁路安全生产面临新的形势与挑战。实践中发现，部分铁路从业人员特别是基层安全管理人员对双重预防机制的理论认识还有待深化，工作中存在“重排查、轻预防”的倾向，由小隐患引发大事故的情况时有发生。为落实国家关于安全生产的措施和要求，切实提升铁路安全管理水平，推进铁路高质量发展，国家铁路局安全技术中心组织编写了《铁路安全风险分级管控和隐患排查治理双重预防机制实施指南》。

本书的编撰旨在系统宣贯双重预防机制工作理念与推进方法，为基层安全管理提供科学指导和实践参考。编写风格上，既展开理论探讨，也推介具体方法；既叙述通用原理，也彰显铁路特色。编写组织上，第 1 章回顾了国内外风险管理的发展历程，总结了铁路行业的风险管理和隐患治理体系，并梳理了双重预防机制的由来与发展；第 2 章总结和归纳了基本理论与基础概念；第 3 章概述了铁路双重预防机制建设主要内容；第 4 章和第 5 章详细剖析了风险分级管控和隐患排查治理的流程和方法；第 6 章至第 8 章分别从信息化管理、教育培训和持续性改进的角度对铁路双重预防机制的工作内容和重点模块进行了总结。本书在编写过程中，还得到了国家铁路局、国家能源集团等有关单位和部门的大力支持，在此一并致谢！

本书可作为铁路生产经营单位推行双重预防机制的理论与行动指南，也可作为高等院校、职业院校开展安全职业教育的参考用书。需要说明的是，随着铁路安全生产实践的不断深入，双重预防机制的理论和方法也处于持续创新和不断发展过程中，鉴于此，本书内容只能表征当前的阶段性成果，难免存在一些不足。我们诚挚期待广大读者提出宝贵意见和建议，以便在后续修订中持续优化内容，更好地服务于铁路安全生产实践。

“居安思危，思则有备，有备无患”。让我们群策群力，以“时时放心不下”的责任意识和“事事落实到位”的工作作风，共同推动铁路双重预防机制建设取得新突破，为构建更高水平的铁路安全保障体系贡献力量，以实际行动护航铁路高质量发展新征程！

编写组

2025 年 3 月

目录

第1章

铁路双重预防机制概述

随着风险管理理论研究和实践探索的不断深化，结合新时期安全生产的新特征与新要求，我国在安全生产领域逐步建立起了以风险分级管控和隐患排查治理为核心的双重预防机制，并得到广泛应用。本章全面梳理了风险管理理论的发展历程和隐患治理体系的演进过程；重点阐释了双重预防机制在我国安全生产领域的建设背景、制度要求和核心内容；系统介绍了铁路双重预防机制建设情况、面临问题和推进路径，为铁路行业深入开展双重预防机制建设提供指导和参考。

1.1 国外风险管理的发展历程

风险管理理念最早可追溯至20世纪30年代工业发达国家的保险业实践。1930年，美国宾夕法尼亚大学所罗门·许布纳博士在美国管理协会的第一次保险问题会议上提出了风险管理理念。1931年，美国管理协会保险部开始倡导风险管理。1932年，美国多家大型企业发起成立纽约保险经纪人协会，通过定期组织专业研讨，推动风险管理从理论走向实践。

1953年，通用汽车公司重大火灾事故直接促使美国企业界和学术界高度重视风险管理。20世纪70年代，美国三里岛核电站核泄漏、苏联切尔诺贝利核事故等灾难性事件，加速了风险管理在全球范围的推广。随后，美、英、日、法、德等国家纷纷建立全国性和地区性风险管理协会，风险管理得以迅速发展。1983年，在美国召开的风险和保险管理协会年会讨论并通过了“101条风险管理准则”，这是风险管理走向实践化的一个重要文件。1986年，由欧洲11个国家共同成立的“欧洲风险研究会”将风险研究扩大到国际交流范围。同年10月，风险管理国际学术讨论会在新加坡召开。1995年，由澳大利亚和新西兰联合制定的澳大利亚—新西兰风险管理标准（AS/NZS3460）明确定义了风险管理的标准程序，这标志着第一个国家风险管理标准诞生。

随着企业面临的风险环境日趋复杂以及风险管理成本持续攀升，传统风险管理模式已经不能全面监督、有效控制各类风险。21世纪初，基于风险评估和全生命周期管理的现代安全管理体系，在铁路、航空、航天、核工业、石油化工等行业领域得到深入应用并不断发展完善，逐渐形成了系统化的安全管理新范式。

风险管理理念自20世纪30年代诞生以来,经历了从保险领域向各工业部门的快速拓展,现已发展成为包含风险识别、分析、评价和控制等关键环节的完整科学体系。这一演进过程不仅体现了风险管理从单一工具到系统方法论的质的飞跃,更推动了安全管理模式由被动应对向主动预防、由局部管控向全局治理的深刻转变,为现代企业构建科学高效的安全管理体系提供了重要理论支撑和实践指导。特别是在高危行业领域,该体系在提升安全管理效能、降低事故发生率、优化资源配置等方面展现出显著价值,成为安全系统工程不可或缺的方法论基础。

1.2 我国风险管理和隐患治理的发展历程

我国风险管理研究虽然起步较晚,但在国家层面的强力推动下却实现了跨越式发展。隐患排查治理在我国已经开展多年,是我们保障安全生产的重要手段。

1.2.1 我国风险管理的发展历程

风险管理于20世纪80年代从西方引入我国,恰逢市场经济快速发展、经济体制转轨和社会结构转型的关键时期,随着外部环境不确定性剧增,各行业所面临的系统性风险日益复杂,这为风险管理理论研究与实践应用提供了现实需求和重要发展契机。

国务院国有资产监督管理委员会(国资委)于2006年6月出台《中央企业全面风险管理指引》,首次在制度层面要求央企及所属上市公司全面推进风险管理工作,标志着我国企业风险管理体系建设的正式启动。此后,政府部门、监管机构和行业协会相继制定了一系列风险管理规范文件,推动企业风险管理水平持续提升。

1.2.2 我国安全生产隐患排查治理发展历程

同国外安全生产管理体系关注风险管理不同,我国在长期实践中把隐患排查治理作为保障安全生产的重要手段。这一体系的制度基础可追溯至1994年发布的《职业安全卫生术语》(GB/T 15236—1994),该标准将"事故隐患"定义为"可能导致事故发生的物的危险状态、人的不安全行为及管理上的缺陷",为隐患排查治理工作提供了规范化的概念框架。

国务院安全生产委员会(安委会)立足我国企业安全管理实际,明确隐患排查治理是贯穿企业安全生产管理工作的主线,是安全工作的核心和基础。2007年是我国隐患排查治理体系发展的重要转折点:5月,国务院办公厅印发《国务院办公厅关于在重点行业和领域开展安全生产隐患排查治理专项行动的通知》(国办发明电〔2007〕16号),首次在全国范围内组织开展重点行业领域专项整治;8月起,国务院派出24个联合督查组开展史上规模最大、范围最广的隐患排查督导检查;12月,《安全生产事故隐患排查治理暂行规定》审议通过,于2008年2月1日正式施行,以部门规章形式要求生产经营单位建立隐患排查治理制度并开展统计分析工作。

2008年是我国隐患排查治理工作全面深化的重要年份。1月8日,国务院安委会基于对安全生产形势的研判,将2008年确定为"隐患治理年",通过集中整治行动重点遏制重特大事故发生。2月16日,国务院办公厅发布《国务院办公厅关于进一步开展安全生产隐患排查治理工作的通知》(国办发明电〔2008〕15号),明确隐患排查治理内容应当包括:各生产经营单位及其工艺系统、基础设施、技术装备、作业环境、防控手段等方面存在的隐患,以及安全生产体制机制、制度建设、安全管理组织体系、责任落实、劳动纪律、现场管理、事故查处等方面存在的薄弱环节。

国务院于2010年7月19日印发了《国务院关于进一步加强企业安全生产工作的通知》(国发〔2010〕23号),要求"企业要经常性开展安全隐患排查,并切实做到整改措施、责任、资金、时限和预案五到位。建立以安全生产专业人员为主导的隐患整改效果评价制度,确保整改到位。对隐患整改不力造成事故的,要依法追究企业和企业相关负责人的责任。对停产整改逾期未完成的不得复产"。2011年11月26日,为实现安全发展,促进全国安全生产形势持续稳定好转,国务院印发了《国务院关于坚持科学发展安全发展促进安全生产形势持续稳定好转的意见》(国发〔2011〕40号),强调要充分运用科技和信息手段,建立健全安全生产隐患排查治理体系,强化监测监控、预报预警,及时发现和消除安全隐患。2012年1月5日,国务院安委会办公室发布《国务院安委会办公室关于建立安全隐患排查治理体系的通知》(安委办〔2012〕1号),决定在全国推广北京市顺义区等地区深入开展安全隐患排查治理、有效防范事故的先进经验,引导各地基本建立先进适用的安全隐患排查治理体系。

按照国家对隐患排查治理工作的要求和部署,相关企业结合自身特点,在隐患排查治理工作过程中,采取定期检查、日常检查、全面检查和专项检查等方式,同时结合生产过程中曾经发生的事故,整治危及企业安全生产的隐患,我国安全生产形势逐步好转。事实上,有效的隐患排查治理能够促进企业由被动接受安全监管向主动开展安全管理转变,由政府主导的行政执法隐患排查向企业为主的日常排查转变,从治标的隐患排查向治本的隐患排查转变,实现安全隐患排查治理常态化、规范化、法制化。

1.3　铁路行业风险管理和隐患治理

在风险管理理论引入我国并与隐患排查治理实践融合发展的过程中,铁路行业始终坚持理论探索和实践创新,形成了独具特色的安全管理体系。

1.3.1 铁路行业风险管理

自20世纪90年代起,我国铁路行业就开展了安全风险管理相关研究。在推进安全风险管理过程中,铁路行业通过学习宣讲、座谈研讨、专家讲座等形式,全面普及安全风险管理。2006年开始,原铁道部组织科研院所、高等院校开展了铁路安全风险管理理论、应用现状研究,并通过同国外风险管理机构的咨询研讨,与国际铁路相关安全管理机构、运营公司的现场考察交流等开展深入研究,形成了一系列研究成果。内容涵盖:铁路基础设施综合安全评估体系框架的研究;我国铁路采用欧洲标准实施安全评估的研究;欧洲铁路RAMS管理体系❶在我国铁路安全评估中应用的研究;铁路运输安全风险控制技术及方法的应用研究;铁路运营安全风险分析及控制研究;铁路风险管理技术与安全管理新模式研究;新建铁路项目开通运营安全评估机制研究;工务系统安全风险分析及控制对策研究;国际铁路标准体系对我国铁路安全风险管理适用性研究;铁路安全风险管理基础信息及数据库的研究;铁路行业安全生产评价指标体系研究等。

经过多年研究和应用经验积累,我国铁路行业在铁路安全风险分级管控标准、技术、方法等方面都取得了一定的成绩。

2011年底,铁道部对全面推行安全风险管理做出工作部署,强调通过实施安全风险管理,增强安全风险的防范意识,构建安全风险防控体系,达到强化安全基础、最大限度减少或消除安全风险、确保铁路安全的目的。

2012年,针对安全风险管理推进中存在的问题,为正确把握铁路安全风险管理的本质和内涵,铁道部印发了《铁道部关于深化铁路安全风险管理的指导意见》(铁安监〔2012〕240号),明确铁路推行安全风险管理要在铁路安全管理成功经验做法的基础上,强化安全意识、提升安全理念、系统优化安全工作的思路。

在推进风险管理方面,神华集团有限责任公司(神华集团,2017年与中国国电集团公司合并重组为国家能源投资集团有限责任公司,简称"国家能源集团")一直走在前列,2012年7月,《国务院安委会关于印发神华集团煤矿安全生产经验的通知》(安委〔2012〕7号)要求结合实际学习借鉴"强化风险预控管理,努力实现安全发展"的经验,神华铁路板块按照神华集团的统一要求实施风险预控,成效显著。

2013年,以实施安全风险管理年为主线,铁路行业将安全风险管理进一步引向深入。2014年,提出的坚持"三点共识"和"三个重中之重",要求从管理源头入手,以管理规范化、

❶ RAMS管理体系是指包括可靠性(Reliability)、可用性(Availability)、可维护性(Maintainability)和安全性(Safety)的综合评估体系。

作业标准化为重点,深化安全风险管理,提升铁路安全管理水平。

近年来,铁路在全面推行安全风险管理方面进行了积极的探索,已经形成了具有中国特色的铁路安全风险管理机制。然而,随着铁路路网规模快速延展和行车密度不断增加,无论是从铁路自身安全发展还是铁路技术对外输出,铁路安全风险分级管控都面临着新的形势和挑战,亟需在既有成果基础上实现新突破。

1.3.2　铁路行业隐患治理

为落实国务院关于全国各地重点领域、重点行业开展生产安全隐患排查治理专项行动精神,铁道部印发了《关于开展安全生产隐患排查治理专项行动的通知》(铁安监函〔2007〕535 号),并结合铁路实际情况,进行了周密地安排和部署,制定了具体的工作方案,深入开展了安全生产隐患排查治理专项活动。

2010 年 9 月 10 日,铁道部印发了《关于贯彻国务院进一步加强企业安全生产工作通知的实施意见》(铁安监〔2010〕168 号),要求铁路运输企业结合季节性安全、春检、秋鉴和重点运输任务,经常性开展安全隐患排查。建立"问题库"闭环管理制度,分轻重缓急建立排查机制,做到整改措施、责任、资金、时限和预案"五到位",确保隐患得到有效整治。

2012 年 3 月 10 日,为实现铁路科学发展、安全发展,铁道部印发了《关于坚持科学发展安全发展促进铁路安全生产形势持续稳定好转的实施意见》(铁安监〔2012〕45 号),要求铁路运输企业要建立健全安全隐患排查治理长效机制。对重大隐患实行挂牌督办,确保监控、整改、防范等措施落实到位。

随着现代化铁路网越织越密,全国铁路营业里程已突破 16 万公里(其中高铁营业里程超 4.6 万公里),铁路隐患排查治理工作面临前所未有的系统性挑战。在"人、机、管、环"多维协同的复杂运营环境下,主要呈现三大特征:一是高铁系统各子系统耦合度更高,隐患传导呈现网络化扩散特征;二是运营速度提升使隐患后果呈指数级放大效应;三是新技术应用带来隐患识别与评估的新课题。

1.4　双重预防机制的提出和发展

1.4.1　建设背景

我国安全生产形势在改革开放后呈现出明显的阶段性特征。1979 年至 1985 年,事故起数和死亡人数呈现持续下降的良好态势;1986 年至 1992 年则保持相对平稳状态。然而,自 1993 年起安全生产形势出现显著波动,事故指标急剧攀升,至 2002 年达到历史峰值,当年事故总数高达107.34万起。这一严峻形势直接推动了2002年《安全生产法》的颁布实施,标志着我国安全生产管理工作正式进入法治化新阶段。

在《安全生产法》的保障下,通过政府强化监管和企业主体责任落实的协同推进,我国安全生产形势取得显著改善。从整体指标来看,事故总量和死亡人数连续多年保持"双下降"的良好态势;重点行业领域如非煤矿山、危险化学品等9个高危行业的安全生产状况明显改善。然而,2015年发生的多起重特大事故暴露出当前安全生产工作的短板。其中,造成重大伤亡的6·1东方之星沉没事故、8·12天津滨海新区爆炸事故等,集中反映出安全生产领域存在的深层次问题:一是体制机制和法制建设仍不完善;二是安全发展理念尚未牢固树立;三是企业主体责任落实不到位;四是安全监管执法存在薄弱环节;五是风险识别和预判能力亟待提升。

在此背景下,构建风险分级管控和隐患排查治理相结合的双重预防机制,成为提升安全生产治理能力的必然选择。这一机制创新体现了安全生产管理理念的重大突破,实现了从被动应对向主动预防、从事后处置向源头治理的根本性转变,为新时代安全生产工作提供了新的路径。

1.4.2 双重预防机制的提出和实施

2016年1月6日,习近平总书记在中共中央政治局常委会会议上作出重要指示,针对当时重特大事故多发的严峻形势,明确提出要"对易发重特大事故的行业领域采取风险分级管控、隐患排查治理双重预防性工作机制",首次从国家层面确立了双重预防机制的战略地位。建设双重预防机制的核心要义在于构建两道安全生产防线:第一道防线是风险分级管控,强调以安全风险辨识和管控为基础,从源头上系统辨识风险、分级管控风险,努力把各类风险控制在整个系统以及各个节点可接受的范围内,杜绝和减少事故隐患;第二道防线是隐患排查治理,通过全过程排查和闭环治理,及时消除风险管控中的漏洞和失效环节。

为贯彻落实党中央决策部署,2016年国家出台了一系列重要文件。4月,国务院安委会办公室在深入调查研究、总结重特大事故发生规律特点的基础上,制定了《标本兼治遏制重特大事故工作指南》(安委办〔2016〕3号),提出:构建形成点、线、面有机结合、无缝对接的安全风险分级管控和隐患排查治理双重预防性工作体系,全社会共同防控安全风险和共同排查治理事故隐患的责任、措施和机制更加精准、有效。10月,《国务院安委会办公室关于实施遏制重特大事故工作指南构建双重预防机制的意见》(安委办〔2016〕11号)印发,强调"构建安全风险分级管控和隐患排查治理双重预防机制,是遏制重特大事故的重要举措"。在各行业、企业的后续实践中,进一步凸显了准确把握安全生产的特点和规律,坚持双重预防、关口前移,全面推行安全风险分级管控,进一步强化隐患排查治理,推进事故预防工作科学化、信息化、标准化。12 月,《中共中央国务院关于推进安全生产领域改革发展的意见》(中发〔2016〕32 号)要求"坚持源头防范。严格安全生产市场准入,经济社会发展要以安全为前提,把安全生产贯穿城乡规划布局、设计、建设、管理和企业生产经营活动全过程。构建风险分级管控和隐患排查治理双重预防工作机制,严防风险演变、隐患升级导致生产安全事故发生。"

2017 年起,双重预防机制在各行业全面推行。国家安全监督管理局(现为国家安全监督管总局)发布的《构建风险分级管控和隐患排查治理双重预防机制基本办法》中推荐了四个实施案例,分别是神华集团、中国南方电网有限责任公司、新疆华泰重化工有限责任公司、金川集团股份有限公司。在铁路行业中,以中国国家铁路集团有限公司(国铁集团)、国家能源集团为代表的铁路单位(从事铁路建设、运输、设备制造维修的生产经营单位)率先探索实践,形成了一批可复制、可推广的创新成果。

2021 年新修订的《安全生产法》实现重大制度突破,将双重预防机制上升为法律要求。这意味着国务院安委办《关于实施遏制重特大事故工作指南构建双重预防机制的意见》中要求的构建双重预防工作机制,已经上升到法律层面,予以强制落实。该法第四条要求生产经营单位要"构建安全风险分级管控和隐患排查治理双重预防机制,健全风险防范化解机制,提高安全生产水平,确保安全生产"。第二十一条要求生产经营单位的主要负责人要"组织建立并落实安全风险分级管控和隐患排查治理双重预防工作机制,督促、检查本单位的安全生产工作,及时消除生产安全事故隐患"。这表明《安全生产法》旨在通过双重预防机制建设,使生产经营单位能够从源头上防范化解重大安全风险,更加符合以人为本、人民至上、生命至上、安全发展的理念,以及安全第一、预防为主、综合治理的方针。构建双重预防机制自提出以来就得到了各级政府监管部门和行业、企业的认真贯彻。例如在矿山、危险化学品、建筑施工等相关高危行业领域,先后制定出台了《关于预判防控煤矿重大安全风险的指导意见(试行)》《煤矿重大事故隐患判定标准》《金属非金属矿山重大事故隐患判定标准》《化工园区安全风险排查治理导则(试行)》《危险化学品企业安全风险隐患排查治理导则》等标准规范,这些标准规范为基层单位开展风险辨识和隐患治理提供了明确的技术指引。

从实施效果来看,双重预防机制的创新价值主要体现在三个方面:一是理论创新,将风险管理与隐患治理有机结合,形成了系统化的预防控制理论;二是实践创新,通过标准化的管理流程和方法工具,提升了企业自主管理能力;三是制度创新,构建了政府监管、企业负责、社会协同的工作格局。

双重预防机制通过建立"风险管控在前、隐患治理在后"的两道防线,实现了安全生产管理从事后处置向事前预防的根本转变。这一机制既传承了我国安全生产管理的实践经验，又借鉴了国际先进理念，是符合中国国情的安全生产治理创新，为预防生产安全事故提供了有效路径。

1.4.3 铁路双重预防机制建设历程

铁路作为国民经济大动脉和综合交通运输体系的核心组成部分，在国家经济社会发展中具有战略性、基础性和先导性地位。在推进交通强国建设进程中，铁路行业始终将安全管理作为重中之重，率先启动了具有行业特色的双重预防机制体系构建。

为深入贯彻党中央、国务院关于双重预防机制建设的要求，2017 年中国铁路总公司（现为"国铁集团"）发布了《关于构建铁路安全风险分级管控和安全隐患排查治理双重预防机制的指导意见》（铁总安监〔2017〕68 号），要求构建铁路安全风险分级管控和安全隐患排查治理双重预防机制，加强信息化管理平台建设，注重相关数据积累，加快推进安全大数据应用，实现安全风险辨识科学化。

2017 年，神华集团在《关于做好 2017 年安全生产环保工作的决定》（神华安〔2017〕1 号）工作任务中要求各子分公司要完善风险预控体系，构建双重预防机制，并就完善风险预控体系的管理标准和考核标准、深化风险辨识评估与控制、加强体系动态考评、完善隐患排查治理体系进行了安排部署。

2019 年国铁集团发布了《安全双重预防机制工作指南（试行）》（铁办安监〔2019〕22 号），进一步规范铁路运输企业安全风险分级管控和隐患排查治理的程序、方法和分级、分类、评价标准，提升铁路系统安全双重预防工作水平。

国家能源集团以《国家能源集团安全生产事故隐患排查治理管理办法》（国家能源制度〔2020〕119 号）、《国家能源集团安全风险分级管控管理办法（试行）》（国家能源制度〔2024〕81 号）为依托，同时在 2022 年推行的"安全生产标准化管理体系"中专门安排了"双重预防机制"要素，持续开展双重预防机制建设，取得丰硕成果。

为推动铁路行业双重预防机制建设，2023 年 3 月，国家铁路局印发了《铁路安全风险分级管控和隐患排查治理管理办法》（国铁安监规〔2023〕9 号），并于 5 月配套印发了《铁路交通重大事故隐患判定标准（试行）》（国铁安监规〔2023〕12 号）、《铁路建设工程生产安全重大事故隐患判定标准》（国铁工程监规〔2023〕25 号）等。之后，国铁集团、国家能源集团及相关企业等都迅速予以转发，铁路监管部门也对实施推进情况予以督促、指导，安全风险分级管控和安全隐患排查治理双重预防机制建设在铁路行业得到了全面落实，铁路安全发展的基础进一步夯实。

实践证明，双重预防机制在铁路行业安全管理中具有重要作用，主要体现在以下方面。第一，事故预防方面。通过系统实施风险分级管控和隐患排查治理，能够从风险源头构建安全防线，有效识别并消除事故隐患，降低事故发生概率。第二，安全保障能力提升方面。双重预防机制的建立有助于提高铁路建设、运输及设备制造维修等单位的安全风险防控能力，强化隐患排查治理效能，从而提升铁路系统整体安全保障水平。第三，管理水平优化方面。双重预防机制的实施能够促进铁路安全管理工作的系统化和规范化，增强风险防控的科学性和有效性。第四，可持续发展方面。作为铁路行业可持续发展的基础保障，该机制通过提升生产经营活动的安全性和可靠性，为行业长期稳定发展提供支撑。

然而，当前双重预防机制建设仍面临若干现实问题：首先，部分铁路单位对机制建设的战略意义认识不足，对保障人民生命财产安全和促进安全生产形势持续稳定的重要性理解不深，导致建设主动性欠缺、推进力度不足。其次，包括安全管理人员在内的从业人员对风险、隐患等核心概念理解存在偏差，对实施方法的掌握不够系统，实际操作中未能因地制宜，将风险辨识管控与隐患排查治理简单等同，影响了机制实施效果。再次，部分铁路单位存在风险管控与隐患治理脱节现象，过度侧重隐患排查而忽视风险分级管控，致使风险长期处于失控状态，增大事故发生的可能性。此外，机制运行中还普遍存在“两张皮”问题，具体表现为：安全专业管理与全员参与脱节、安全管理与业务运行分离、危险源识别与隐患治理割裂等现象。这些问题严重制约了双重预防机制的有效实施。

综上，为推动双重预防机制在铁路安全管理中的有效实施，需要构建系统化、标准化的推进路径，重点把握以下关键环节。

（1）风险辨识与分级管控

铁路单位应建立覆盖全业务、全流程的风险辨识机制，采用科学评估方法对设备设施、作业环境、人员操作等关键要素进行系统性风险分析，并根据风险等级制定差异化的管控措施。高风险点须纳入重点监控清单，结合实际处置情况，能够实现风险分级的动态调整。

（2）隐患排查与评估治理

应进一步完善隐患分级分类标准，依托信息化手段建立隐患数据库，对从发现、上报、整改到验收的全流程实施精准管理。同时，强化基层岗位的隐患排查责任，推动隐患治理与日常检修、专项检查相结合，从前端防止隐患升级为事故。

（3）制度保障与一体化管理

建章立制是形成实施规范的最终形式。需要进一步完善现有制度的内容，特别需要做好资源配置和保障措施的相关工作。此外，需要真正打破专业壁垒，推动安全管理部门与业务部门协同联动，将双重预防要求融入安全生产责任制，实现风险分级管控和隐患排查治理的一体化管理。

（4）技术赋能与教育培训

利用大数据、物联网、人工智能等技术提升风险监测预警能力，构建信息化、智能化安全管理平台。为真正实现技术赋能安全管理质效提升，需要进一步加强从业人员教育培训。涵养并确立科学的安全观，梳理不安全行为，重点提升一线人员风险辨识、隐患排查和应急处置能力，真正筑牢铁路单位安全管理的第一防线。

(5)科学评价与持续改进

以评价目的突出评价重点，定期实施评价工作，并有效利用评价报告，针对性地优化工作流程和管理制度，形成“风险识别—分级管控—隐患排查—评估治理—持续改进”的良性循环，最终实现铁路安全管理的系统化提升。

双重预防机制只有真正嵌入铁路安全生产各环节，才能为行业长治久安提供坚实保障。

第2章

风险管理基本理论和基础概念

风险管理基本理论是双重预防机制的核心理论基础，而双重预防机制是风险管理理论在安全生产领域的深度应用和实践。了解风险管理基本理论并厘清与之相关的基础概念，有助于风险管理从业人员更准确地理解、更规范合理地运用双重预防机制。

2.1 基本理论

风险管理理论在国内外各行业的实践应用中获得了长足发展，风险管控相关的理论方法已经较为成熟，本书仅列举以下代表性理论帮助读者理解实施风险控制、风险转移和风险触发事故的原理。

2.1.1 事故因果连锁理论

事故因果连锁理论认为，事故是由一连串因素以因果关系依次发生，结果表现为链式反应。其中，以海因里希事故因果连锁理论和博德事故因果连锁理论最具代表性。

1)海因里希事故因果连锁理论

1936年，海因里希基于美国工业安全实践研究和理论总结，编写出版了《工业事故预防》，该书阐述了工业事故发生的因果连锁理论。该理论提到，伤亡事故的发生不是一个孤立的事件，而是一系列原因事件相继发生的结果，并提出"事件链"(Event Chain)这一重要概念，即伤害与各原因之间具有连锁关系。海因里希认为事故连锁过程受以下五个因素的影响。

(1)遗传及社会环境。遗传及社会环境是造成人的缺点的原因。遗传因素可使人具有鲁莽、固执、粗心等不良性格；社会环境可妨碍人的安全素质培养，助长不良性格的发展，这种因素是因果链上最基本的因素。

(2)人的缺点。人的缺点包括鲁莽、固执、过激、神经质、轻率等个体性格上的先天缺点，以及缺乏安全生产知识和技术等后天缺点。

(3)人的不安全行为或物的危险状态。人的不安全行为或物的危险状态是指那些曾经引起过事故，且可能再次引起事故的人的行为，或机械、物质的状态，它们是造成事故的直接原因。

(4)事故。即由于人、物或环境的作用或反作用，人员受到伤害或可能受到伤害的、出乎意料的、失去控制的事件。

(5)伤害。即直接由事故产生的财产损害或人身伤害。

海因里希用五块骨牌形象地描述这种因果关系,因此,该理论又被称为多米诺骨牌理论,参见图2.1.1。

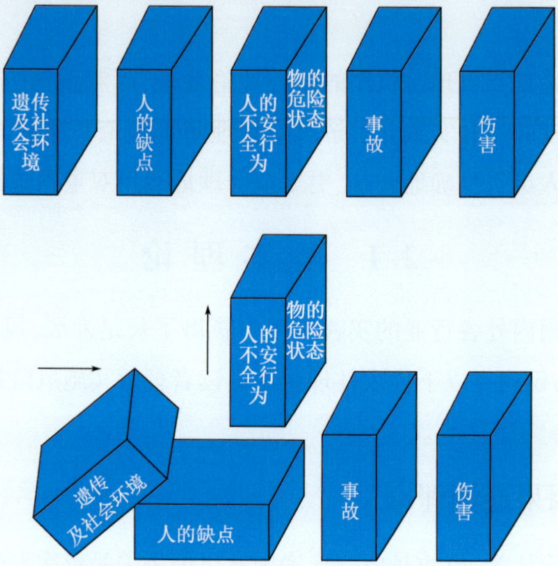

图2.1.1 海因里希事故因果连锁理论模型

在骨牌系列中,当第一颗骨牌被碰倒,就会发生连锁反应,其余的几颗骨牌相继被碰倒。如果移去中间的一颗骨牌,连锁则被破坏,事故过程被中止。海因里希认为,安全工作的重心是防止人的不安全行为,消除机械的或物的危险状态,中断事故的进程以避免事故的发生。

然而,对于如何消除导致事故的直接原因——人的不安全行为或物的危险状态,海因里希并没有给出具体的措施和对策。根据该理论,人的不安全行为可归因为人的缺点,包括性格上的先天缺陷和知识技能的后天不足。由遗传造成的人的性格上的先天缺陷是难以控制的,而造成后天知识和技能不足的社会环境又过于笼统,这是海因里希事故因果连锁理论的致命缺陷。但该理论提出的因果连锁概念对我们认识铁路系统发生风险事件的原因大有启示意义。

2)博德事故因果连锁理论

在海因里希事故因果连锁理论的基础上,美国前国际损失控制研究所所长小弗兰克·博德(Frank Bird)提出了现代事故因果连锁理论。博德认为,尽管人的不安全行为和物的危险状态是导致事故的重要原因,但仍停留在表面,事故发生的根本原因是管理失误。博德的事故因果连续过程同样为五个因素,但每个因素的含义与海因里希的都有所不同,参见

图2.1.2。

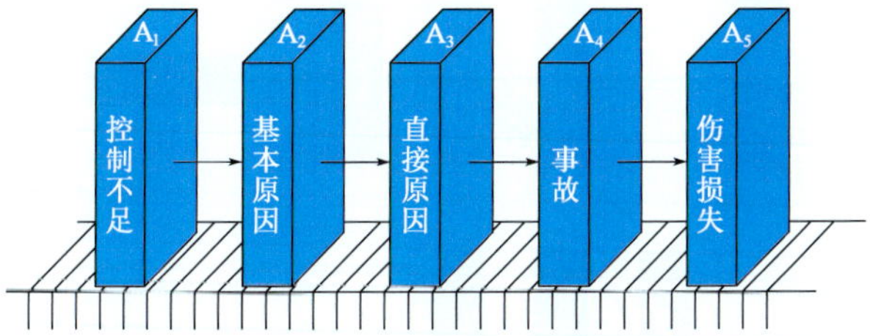

图2.1.2　博德事故因果理论模型

A_1-管理；A_2-起源(工作方面原因、个人原因)；A_3-征兆(人的不安全行为、物的危险状态)；A_4-接触；A_5-结果

(1)控制不足。安全管理方面的控制不足，是导致事故伤害的根本原因，安全管理应懂得管理的基本理论和原则。控制损失包括对不安全行为和不安全状态的控制，这是安全管理工作的核心。

(2)基本原因。基本原因包括个人原因和工作方面的原因。其中个人原因有身体、精神方面的问题，缺乏知识、技能方面的问题和动机不正确等；工作方面的原因有操作规程不合理，设备、材料不适合，常规磨损以及非常规使用方法等。

(3)直接原因。直接原因是基本原因和管理缺陷的表现，亦即人的不安全行为和物的危险状态。

(4)事故。博德认为事故是人的身体、建筑物或设备与超过其阈值的能量接触，或者人体与妨碍正常生理活动的物质接触。防止事故就是防止这种接触，如采取隔离、屏蔽、防护、吸收、稀释等措施，显然这一定义无形中应用了能量转移的观点。

(5)伤害损失。伤害损失是指事故造成的结果，包括人员伤亡和财务损失。

博德事故因果理论认为造成事故的根本原因在于管理的缺陷，该理论阐述了在“人-机-环境-管理”系统中，管理因素对控制系统安全风险事件发生的重要作用。

2.1.2　能量意外释放理论

能量意外释放理论认为，事故是一种不正常的或不希望的能量释放，这种能量意外释放是导致伤害的直接原因。该理论强调，事故的发生是由于生产过程中能量的转化和做功失去了控制，导致能量以不被期望的方式释放，从而造成人员伤害或财产损失。在能量意外释放理论提出和完善的过程中，吉布森和哈登的相关工作贡献最为突出。

1961年，吉布森提出事故是一种不正常的或不希望的能量释放，各种形式的能量意外释放是构成伤害的直接原因。因此，人们可以通过控制能量，或控制作为能量达及人体媒介的能量载体来预防伤害事故的发生。1966年，美国联邦运输安全管理局局长哈登(Haddon)

完善了能量意外释放理论，认为“人受伤害的原因只能是某种能量的转移”，参见图2.1.3。

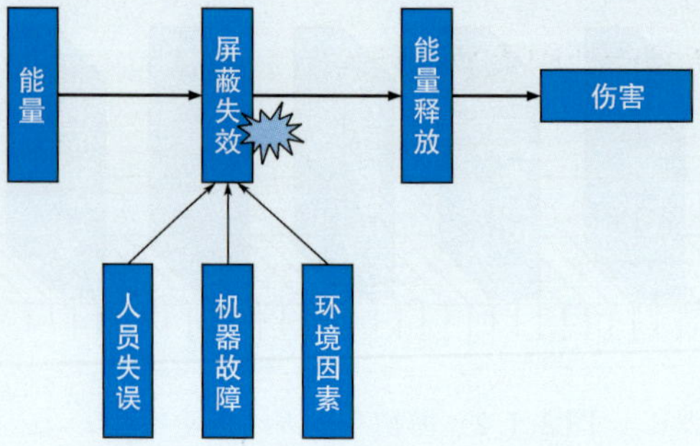

图2.1.3　能量意外释放理论

哈登提出了能量逆流于人体造成伤害的分类。第一类伤害是由施加了局部或全身性损伤阈值的能量引起的；第二类伤害是由影响了局部或全身性能量交换引起的。哈登认为，在一定条件下某种形式的能量能否产生伤害造成人员伤亡事故，取决于能量大小，接触能量时间长短、频率，以及力的集中程度。根据能量意外释放理论，可以利用各种屏蔽来防止意外的能量转移，从而防止事故的发生。针对铁路运营过程中的事故，如列车冲突、脱轨、火灾、爆炸、异物侵限等均可在一定程度上理解为能量的意外转移和释放。由此，我们能够从能量释放的角度对铁路运营过程中伤亡事故的原因进行解释，并针对性地采取一些有效的预防措施。

2.1.3　轨迹交叉理论

轨迹交叉理论认为，人的活动和物的状态在系统中都有各自的运动轨迹，而当人的不安全行为和物的危险状态发生时空轨迹交叉时，事故就可能会发生。

20世纪60年代末至70年代初，日本厚生劳动省调查、分析了50万起事故的形成过程。从人的系列分析可知，只有约4%的事故与人的不安全行为无关；从物的系列分析可知，只有约9%的事故与物的危险状态无关。这些统计数据表明，大多数伤害事故的发生，同时与人的不安全行为、物的危险状态有关。在此基础上，日本厚生劳动省提出了轨迹交叉理论，参见图2.1.4。

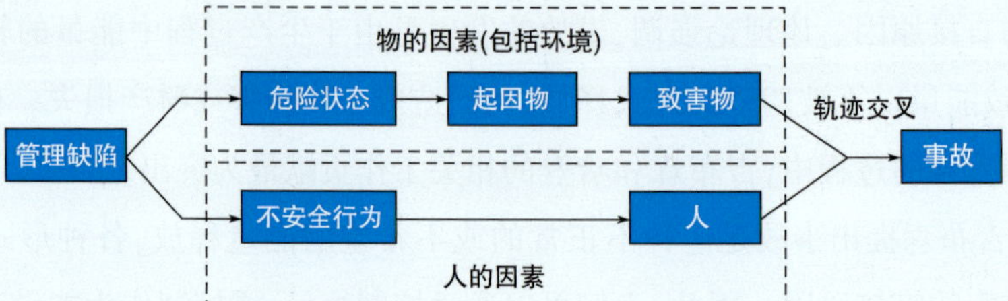

图2.1.4　轨迹交叉理论

所伴随的风险进行定性或定量评估，确定风险可接受程度，根据评估结果划分风险等级。按等级划分从高到低划分为重大风险、较大风险、一般风险、低风险 4 个等级，分别用红、橙、黄、蓝 4 种颜色标示。

2.2.7　风险管控措施

风险管控措施（Risk Control Measure）是指为管控风险所采取的消除、隔离、控制、个人防护等方法和手段。

在铁路安全生产实践中，可按照人防、技防、工程防、管理防综合施策，源头防范，全员、全过程管控风险的原则，依据现行规章制度、技术标准和有关管理要求，结合既有安全管理的有效做法，对照部门、岗位职能职责，分别从工程技术措施、行政管理措施、教育培训措施、个体防护措施和应急处置措施等方面，制定管理和作业全过程风险管控措施。制定风险管控措施尤其要注意明确各层级、各岗位的管控责任。

2.2.8　风险类别

风险类别（Risk Category）具有行业异质性。为便于行业统计，铁路安全风险按业务领域分为 5 个类型：铁路运输风险、铁路工程建设风险、铁路设备设施风险、沿线环境风险、其他风险。实际操作中，铁路单位可根据自身实际进行细化。

2.2.9　风险预警

风险预警（Risk Early Warning）是指根据风险管控效果和隐患排查治理情况等监控风险的变化情况，当其超过预设条件时发出警示信息。风险预警可分为蓝色预警、黄色预警、橙色预警、红色预警。

2.2.10　铁路事故隐患

铁路事故隐患（Hidden Hazard of Railway Accident），简称隐患，是指铁路单位因违反国家和铁路行业相关安全生产法律、法规、规章、标准、规程和安全生产管理制度的规定，或者因风险控制措施的失效或弱化，可能导致事故、故障等后果的人的不安全行为、物的危险状态、环境的不安全因素和管理上的缺陷。

隐患按照其影响程度，可以分为重大隐患和一般隐患。重大隐患是指危害和治理难度大，应当全部或者局部停产停业，并经过一定时间整改治理方能消除的隐患，或者因外部因素影响致使铁路单位自身难以消除的隐患。一般隐患是指除重大隐患外，可能导致事故发生的隐患。一般隐患等级可由相关单位结合实际进行细化，重大隐患按照重大隐患判定标准进行判定。

隐患按业务领域分为铁路运输隐患、铁路工程建设隐患、铁路设备设施隐患、沿线环境隐患和其他隐患五个类型。

2.2.11 隐患排查治理

隐患排查治理(Hidden Hazard Governance)是指铁路单位依据国家法律法规、标准和企业管理制度,采取一定的方式和方法,对照风险分级管控措施的有效落实情况,对本单位的事故隐患进行排查、消除或控制的闭环管理活动。

第3章

铁路双重预防机制建设

铁路单位建立健全风险分级管控和隐患排查治理的工作机制，实现风险自辨自控、隐患自查自治，监管部门重点指导帮促，推动形成铁路单位负责、职工参与、政府监管、行业自律和社会监督的工作格局，切实提升安全生产风险管控能力，有效遏制重特大事故的发生，着力推动铁路单位安全管理由防止事故向超前防控安全风险转变，实现把风险控制在隐患形成之前、把隐患消灭在事故发生之前。理解双重预防机制的体系与建设方法是将以上认识落实到切实提升铁路安全生产整体管控能力和本质安全水平的必由之路。

3.1 建设目标

铁路双重预防机制建设以风险分级管控和隐患排查治理为核心，坚持人民至上、生命至上，贯彻“安全第一、预防为主、综合治理”的方针，建立健全的双重预防机制，通过科学辨识行车、设备、施工、环境、工程建设等全环节风险并实施分级动态管控，结合智能化监测、标准化排查和闭环化整改，实现隐患源头防控与精准治理，依托责任分层落实、科技赋能及全员安全培育，将双重预防机制充分融入各项工作，推进双重预防机制贯穿于铁路安全生产，构建覆盖“事前预防—事中管控—事后改进”的全链条安全防线，同时推动双重预防机制与安全生产标准化、全员安全生产责任制等现有安全体系融合，夯实安全管理体系基础，实现安全生产源头管控，推动铁路安全生产关口前移，最终降低事故发生率、减少事故损失。

3.2 机构支撑

作为铁路双重预防机制建设和运行的责任主体，铁路单位需明确双重预防机制建设和运行的管理部门和人员，从而在机构职责层面形成刚性支撑。

3.2.1 成立专项领导机构

铁路单位成立由主要负责人牵头的双重预防机制建设工作机构，负责制定、完善本单位双重预防机制建设的相关工作制度和工作方案，统筹协调本单位风险管控和隐患排查治理工作。

双重预防机制建设工作机构的组成人员应至少包括铁路单位主要负责人、各分管负责人、主要技术负责人、各部门负责人和熟悉安全风险评估工作的人员，也可以委托安全技术咨询服务机构或聘请专家协助开展双重预防机制的建设工作，确保在决策层面能够全面考虑不同领域的风险分级管控和隐患排查治理。

3.2.2 职能职责

主要负责人为本单位双重预防机制工作的第一责任人，对本单位双重预防机制建设全面负责，牵头组织建立并落实双重预防机制制度，检查本单位的双重预防机制工作。

各分管负责人负责分管范围内的双重预防机制工作，协助主要负责人开展双重预防机制建设，组织分管部门、车间开展风险分级管控和隐患排查治理，检查分管领域的双重预防机制工作。

安全管理部门牵头负责本单位双重预防机制建设、实施工作，统筹各专业部门双重预防机制实施，指导督促部门、车间、班组、岗位人员开展风险辨识评估、落实风险管控措施、开展隐患排查治理。

其他部门负责职责范围内双重预防机制建设工作，指导督促车间开展风险辨识评估、落实风险管控措施、开展隐患排查治理。

车间、班组、岗位人员负责职责范围内双重预防机制实施工作，开展风险辨识评估、落实风险管控措施、开展隐患排查治理。

铁路单位委托第三方机构提供双重预防机制建设相关技术服务的，保证安全生产的责任仍由本单位负责。

3.3 机制建设

双重预防机制的建设基本程序主要有风险分级管控体系建设、隐患排查治理体系建设、双重预防机制信息化建设。铁路单位管理人员从整体上把握双重预防机制建设所包含的主要工作，以便后续能够进行科学合理的顶层规划和工作安排，确保所有的工作能够形成一个有机整体，双重预防机制示意见图3.3.1。

3.3.1 风险分级管控机制建设

风险分级管控体系是双重预防机制的核心之一，从整个体系建设角度每一项工作都应该有对应的内容，且涵盖不同的专业和部门，并最终形成一个相互影响、相互支持的有机整体，包括全面辨识生产经营各环节风险，依据评估风险等级划分重大、较大、一般、低风险四级，针对不同等级风险制定实施工程技术、管理、培训教育等管控措施，通过公告栏、告知卡等实现风险可视化与告知，定期监督检查、更新评估并持续改进，同时做好文件记录管理，以系统化流程将风险控制在可接受范围内。

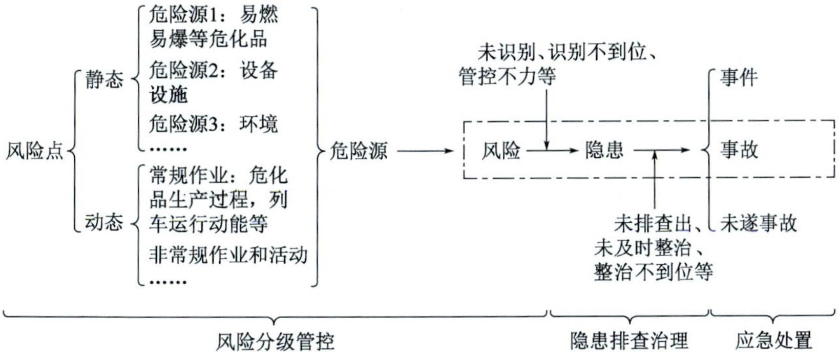

图 3.3.1　双重预防机制示意图

全面辨识是双重预防机制的重要定期工作，也是所有工作的依据。铁路单位建立双重预防机制时，往往没有风险库（与隐患库不同），因而应建立初始风险库。初始风险库的建立也是一次全面辨识工作，该工作的质量和效率取决于员工的素质和对安全风险辨识方法的掌握程度，也取决于铁路单位对风险辨识规划的科学性、合理性。一般而言，初始安全风险数据库往往会经过两到三轮的审核和修改方能成为铁路单位安全工作的基础。

风险评估是风险分级管控的重要工作之一。风险评估的方法众多且各具优势特色，在实践中为保证数据的可靠性，可以同时借助多种方法，根据相关的标准、文件确定，也可以由多个专家进行综合评定。

在进行风险辨识时，应当采用合理的依据、恰当的方式划分辨识的范围，以确保所有的风险实现不重复、不漏项的有效辨识，同时便于组织、管理。风险辨识的逻辑方法对铁路单位基础风险数据库的形成质量具有非常重要的影响，更直接影响了前期工作的效率和效果，以及员工对于整个双重预防机制建设的参与决心和参与深度，并最终影响参与质量和效率。

3.3.2　隐患排查治理机制建设

隐患闭环管理是铁路单位传统的安全管理措施之一，也是防止隐患向事故演变的最后防线。隐患排查治理体系建设是通过建立系统化、常态化的排查机制，结合风险分级管控，对隐患进行动态识别、评估、整改和闭环管理，其核心包括明确责任主体、制定排查标准、运用信息化手段跟踪隐患整改、强化全员参与以及持续改进，以此来预防事故发生。

双重预防机制中的隐患排查治理与常见的隐患闭环管理在强调基层、强调全员参与、强调闭环等环节在根本上是一致的，但也存在重要区别，如隐患排查治理要求进行系统化管理、要求按照不同等级分别开展、要求隐患督办和升级处理、要求典型隐患治理验收评估等。

隐患排查治理的任何一个业务流程均涉及多个不同的部门和专业，必须要实现全覆盖。不同时间段的排查工作应前后衔接，并与年度隐患排查计划形成呼应关系。

3.3.3　一体化管理

风险分级管控和隐患排查治理一体化管理是将两种机制有机结合，形成“预防＋治理”双重闭环的安全管理体系。从风险、隐患的逻辑关系可以看出，事故发生的因果链可概括为风险→隐患→事故，当存在风险时应制定管控措施，管控措施失效、弱化会导致隐患的出现，如果未及时排查治理隐患，在某些耦合因素作用下，就有可能发生事故。双重预防机制实现对风险→隐患→事故这一因果链的分段过程管控，风险分级管控主要着眼于切断风险→隐患这一过程因果链，通过风险分级管控提前辨识、评估和管控潜在风险，从源头降低隐患产生概率；隐患排查治理则侧重切断隐患→事故这一过程因果链，通过隐患排查治理动态发现、整改已存在的隐患问题，反向检验风险管控措施的有效性，从而实施更加精准的风险管控措施，两者相互补充、动态循环，实现风险分级管控和隐患排查治理的协同运作，从而构建覆盖“事前预防—事中管控—事后改进”的全流程安全管理防线，全面提升铁路单位本质安全水平。

3.4　信息化建设

双重预防机制信息系统是铁路单位安全管理信息系统的一部分，其建设过程遵循管理信息系统建设的一般规律。在技术实现上，铁路单位一般需要联合信息技术公司共同开发。在此过程中，尤其需要注意提前考虑铁路单位所在地方政府管理部门、行业监管部门或所在上级主管单位安全管理部门的相关要求，如双重预防机制信息系统数据联网共享的需求，这就需要把共享需求前置到信息系统开发需求，避免后续使用困难或额外增加成本支出。

在进行双重预防机制信息系统建设时，应注意将该系统与铁路单位安全管理的流程、制度、现有信息化系统等紧密关联，以确保最终的管理信息系统和铁路单位安全管理实践能够有机融合，真正成为铁路单位用得好、离不开的安全管理工具。

第4章

风险分级管控的流程和方法

根据《铁路安全风险分级管控和隐患排查治理管理办法》(国铁安监规〔2023〕9 号)要求,铁路单位(从事铁路建设、运输、设备制造维修的生产经营单位)应建立风险分级管控制度,依据国家及行业相关安全生产法律法规、规章、标准及规范性文件等规定,全面开展风险辨识,科学评估风险等级,分级采取措施,有效管控风险,实施风险公告及监测警示,实行动态管理,从源头上防范化解重大风险,实现风险等级逐步降低直至有效管控。

在双重预防机制理论架构下,风险分级管控作为预防事故的第一道屏障,强调把辨识评估的风险管控好,避免出现隐患。风险辨识是基石,通过精准辨识潜在的危险源,为后续风险管控流程奠定基础。风险评估就是运用科学方法和模型,对铁路系统内的各类风险进行全面、系统地分析和量化,评估揭示风险的特征与潜在影响。依据评估结果,将风险划分若干等级,明确不同等级风险的性质与危害程度,为制定风险管控措施提供科学依据。

4.1 风险分级管控基本知识

4.1.1 风险分级管控流程

铁路风险分级管控遵循安全管理的一般性程序,覆盖了从风险辨识开始到风险受控为止的全过程,主要包括风险辨识评估、风险管控措施制定落实、动态管理、持续改进等。风险分级管控主要工作内容包含确定风险点、风险和危险源辨识、评估风险等级、制定落实管控措施、风险公告公示、风险监测预警、风险等级动态调整等,基本流程参见图 4.1.1。

4.1.2 风险等级划分

风险等级通常从高到低划分为重大风险、较大风险、一般风险和低风险四个等级,并分别用红、橙、黄、蓝四种颜色标示。

4.1.3 风险类型划分

按照可能导致铁路机车车辆在运行过程中发生冲突、脱轨、火灾、爆炸、相撞等影响铁路运输组织、工程建设和设备制造维修正常生产以及导致从业人员伤亡的事故及伤害类型,同时结合铁路工程建设、运输、设备制造维修工作实际,铁路单位可将辨识出的风险划分为不同的风险类型。

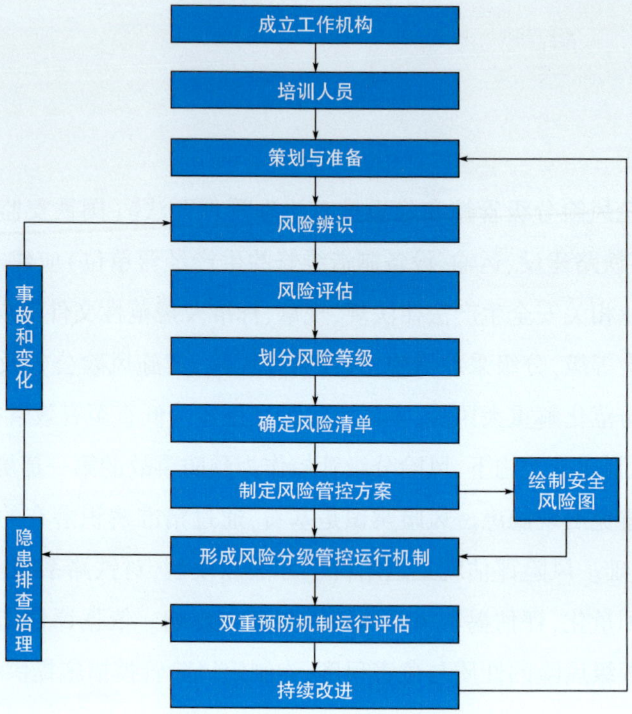

图 4.1.1　风险分级管控流程

需要注意的是，上级铁路单位有义务统一本级和下级单位的风险类型。常见的风险类型划分依据及划分结果如下。

(1)按业务领域划分

按业务领域风险可分为铁路运输风险、铁路工程建设风险、铁路设备设施风险、沿线环境风险和其他风险五个类型。铁路单位可结合所属业务领域，按照《企业职工伤亡事故分类》(GB 6441—1986)、《生产过程危险和有害因素分类与代码》(GB/T 13861—2022)、《铁路交通事故应急救援和调查处理条例》(国务院令第 628 号)及有关行业法律法规、规章标准等要求，综合考虑各类危险源，细化风险类别。常见事故类型、能量源及能量载体参见表 4.1.1。

常见事故类型、能量源及能量载体　表 4.1.1

序号	事故类型	定义	能量源	能量载体
1	物体打击	失控物体的惯性力造成的人身伤害事故	产生物体落下、抛出、破裂、飞散的设备、场所、操作	落下、抛出、破裂、飞散的物体
2	车辆伤害	机车车辆、机动车辆引起的机械伤害事故	车辆、使车辆移动的牵引设备、坡道	运动的车辆
3	机械伤害	机械设备与工具引起的绞、辗、碰、割、戳、切等伤害	机械的驱动装置	机械的运动部分、人体

续上表

序号	事故类型	定义	能量源	能量载体
4	起重伤害	从事起重作业时引起的机械伤害事故	起重、提升机械	被吊起的重物
5	触电	电流流经人体，造成生理伤害的事故	电源装置	带电体、高跨步电压区域
6	灼烫	强酸、强碱溅到身体引起的灼伤，或因火焰引起的烧伤，高温物体引起的烫伤	热源设备、加热设备、炉、灶、发热体	高温物体、高温物质
7	淹溺	因大量水经口、鼻进入肺内，造成呼吸道阻塞，发生急性缺氧而窒息死亡的事故	江、河、湖、海、池塘、洪水、储水容器	水
8	火灾	造成人身伤亡的火灾事故	可燃物	火焰、烟气
9	高处坠落	重力势能差引起的伤害事故	高差大的场所、人员借以升降的设备、装置	人体
10	坍塌	建筑物、构筑物、堆置物等倒塌以及土石塌方引起的事故	土石方工程的边坡、料堆、料仓、建筑物、构筑物	边坡土(岩)体、物料、建筑物、构筑物、载荷
11	火药爆炸	火药与炸药在生产、运输、贮藏过程中发生的爆炸事故	炸药	—
12	瓦斯爆炸	可燃性气体瓦斯等与空气混合形成了达到燃烧极限的混合物，接触火源时，引起的化学性爆炸事故	瓦斯	—
13	锅炉爆炸	锅炉发生的物理性爆炸事故	锅炉	蒸汽
14	容器爆炸	比较容易发生事故，且事故危害性较大的承受压力载荷的密闭装置爆炸	压力容器	内容物
15	其他爆炸	凡不属于上述爆炸的事故均列为其他爆炸事故	可燃性气体、蒸气和粉尘	—
16	中毒和窒息	人接触有毒物质，如误吃有毒食物或呼吸有毒气体引起的人体急性中毒事故	产生、贮存、聚积有毒有害物质的装置、容器、场所	有毒有害物质
17	其他伤害	凡不属于上述伤害的事故均称为其他伤害	放射性物质；踩踏；职业危害因素；雷电	射线；人群；职业危害因素场所；建筑物、构筑物、人体

注：“—”表示内容缺失。

(2)按照风险根源划分

按风险根源可分为人员风险、设备风险、沿线环境风险、管理风险。人员风险涉及铁路工作人员的操作失误、疲劳作业、技能不足等可能引发的风险,如机车驾驶人员未按信号显示行车造成冒进信号、检修人员未按规定检修导致设备故障等。设备风险涵盖铁路线路、机车车辆、信号系统、供电系统等各种设备的故障风险,如钢轨磨损、断裂,列车制动系统故障,信号显示错误等。沿线环境风险指包括自然环境、经济社会活动带来的风险、作业环境风险,如洪水、地震、泥石流等自然灾害对铁路设施的破坏,铁路道口、易燃易爆场所等可能对列车运行安全产生的影响,有限空间有毒气体对作业人员的危害。管理风险指铁路单位规章制度不完善、应急预案体系不完善的运行风险,如安全检查制度执行不到位、对突发事件的应对处置不力等。

(3)其他风险类型参考

针对铁路安全生产实际面临风险类型多样化的特点,铁路安全生产风险包括但不限于冲突、脱轨、火灾、爆炸、相撞、物体打击、机车车辆伤害、机动车辆伤害、机械伤害、起重伤害、触电、淹溺、灼烫、高处坠落、坍塌、水灾、瓦斯爆炸、锅炉爆炸、容器爆炸、其他爆炸、中毒和窒息、职业病伤害(粉尘、噪声、辐射、热害)等。在以上风险类型基础上,针对铁路安全生产实际工作,以下提供部分现场实际风险类型参考。

①安全风险主要包括行车、设备、施工(维修)、作业人员伤亡、乘客安全风险。行车安全风险指列车超速、冒进信号、机车车辆脱轨、列车相撞、信号故障、断轨、胀轨等,可能造成人员伤亡和财产损失。设备安全风险指铁路的线路、桥梁、隧道、信号设备、供电设备、机车车辆等设备设施维修不及时、维修质量不达标,出现故障可能影响列车正常运行,甚至引发事故。施工(维修)安全风险指在铁路新线建设、既有线改造、铁路营业线施工以及应急处置等过程中,存在列车相撞、机车车辆脱轨、高处坠落、触电、坍塌、机械伤害、机车车辆伤害等风险。作业人员伤亡风险指铁路工作人员在进行线路检修、设备维护、列车驾驶等作业时,可能会发生触电、坠落、机车车辆伤害、机械伤害、窒息、工机具伤害等风险。乘客安全风险指乘客在上下车、乘车过程中,可能会发生摔倒、挤伤、烫伤等意外,还可能面临火灾、爆炸等风险。

②运营风险主要包括运输组织、客运服务、货运服务风险。运输组织风险指列车运行图编制不合理、调度指挥失误等,可能导致列车晚点、堵塞,影响铁路运输的效率和秩序。客运服务风险指车站客流疏导不畅,可能引发拥挤踩踏事故;列车上服务不到位,可能引发旅客投诉,损害铁路服务形象。货运服务风险指货物装载不规范可能导致货物在运输途中移位、掉落;货物运输延误可能给货主带来经济损失,引发合同纠纷。

③自然灾害风险主要包括气象灾害、地质灾害风险。气象灾害风险指洪水、风、雨、雪、

高温、寒潮等自然灾害可能会破坏铁路线路、桥梁、隧道等设施,影响铁路的正常运营。如暴雨可能引发洪水冲毁铁路路基、桥梁;大风可能刮倒接触网杆,影响列车运行安全;暴雪会掩埋线路,影响列车通行;雷击可能损坏铁路信号设备、供电设备等。地质灾害风险指铁路沿线可能发生山体滑坡、泥石流、崩塌等地质灾害,掩埋线路,破坏铁路设施。

④沿线环境风险主要包括邻近营业线施工、异物侵限、社会安全风险。邻近营业线施工风险指铁路沿线周边的第三方在铁路沿线违规施工、爆破等,可能影响铁路线路基础稳定和设备安全。异物侵限风险指铁路沿线的树木倒伏、广告牌掉落、行人、动物、风筝等轻飘物、硬飘物进入线路,可能造成列车制动停车、脱轨、人员伤亡等事故。社会安全风险指恐怖袭击、人为破坏铁路设施、盗窃铁路器材等行为,严重威胁铁路安全和运营秩序。作业环境风险指作业人员所处作业区域存在有毒有害物质、高温、低温等危害人体健康的不良环境条件,严重威胁作业人员人身健康甚至生命安全。

⑤管理风险主要包括制度执行、人员素质、应急管理等风险。制度执行风险指铁路运营管理中,安全管理制度、作业流程执行不严格,可能导致违规操作频发,增加事故发生概率。人员素质风险指铁路工作人员业务能力不足、安全意识淡薄等,可能在工作中出现失误,引发各类风险。应急管理风险指在面对突发事件时,应急预案不完善、应急救援能力不足,可能导致救援不及时事故损失扩大、耽误线路开通时间等。

4.1.4　风险辨识分类

铁路单位风险辨识分为全面辨识和专项辨识。铁路单位主要负责人组织各分管负责人、总工程师、安全总监和相关部门、车间开展全面辨识,对设备设施、各岗位作业活动存在的风险进行辨识评估。铁路单位主要负责人或指定安全管理部门、有关业务部门按要求组织开展专项辨识。

(1)全面辨识

全面辨识是指系统、全面、细致地识别与分析可能存在的风险,以确定风险的来源、性质、可能性及后果严重性等,从而为有效应对风险提供依据。全面辨识每年开展一次,由铁路单位主要负责人组织开展,采取安全绩效奖惩等有效措施,全方位、全过程辨识生产工艺、设备设施、作业环境、人员行为和管理体系等方面存在的风险,重点对容易导致群死群伤事故的风险、危险源开展风险辨识评估。新建、改建铁路建设工程投入运营前,应当组织开展全面辨识。

全面辨识应编制年度风险辨识报告,制定《重大安全风险管控方案》。辨识结果应用于确定下一年度安全生产重点工作,指导和完善下一年度生产计划、灾害预防和处理计划、应急预案、安全培训计划、安全费用提取和使用计划。铁路单位组织相关人员对各岗位作业活动进行梳理，全面辨识作业活动可能存在的风险，并制作岗位风险告知卡，从而将风险管控纳入岗位作业流程标准化中。

(2)专项辨识

专项辨识是指根据特定需要开展，重点分析阶段性、临时性或者特定专业的风险动态辨识。专项辨识由铁路单位主要负责人或指定安全管理部门、有关业务部门组织开展。

遇有下列情况时，铁路单位应当开展专项风险辨识。

①法律法规规章、标准、管理制度等发生较大变化。

②新设备、新技术、新工艺、新材料等投入使用。

③技防措施、物防手段升级或变更。

④Ⅲ级以上营业线施工，以及在建铁路工程中特殊结构、复杂地质等危险性较大工程施工或关键作业施工前。

⑤季节变化或恶劣气象条件前。

⑥重要节假日等铁路运输高峰期或者重大活动前。

⑦发生典型事故、严重故障或安全事件等。

⑧人员、设备、工作程序、环境发生较大变化或运输生产组织发生较大调整。

⑨新建、改建危险货物装卸、储存作业场所和设施，在既有作业场所增加办理危险货物品类，以及危险货物新品名、新包装和首次使用铁路罐车、集装箱、专用车辆装载危险货物的。

⑩其他需要开展风险动态研判的情况。

专项辨识完成后，应编制专项辨识评估报告，补充完善风险清单(库)，特别是补充完善重大风险清单(库)。

4.1.5 危险源分类

铁路单位应结合可能导致事故及伤害的原因，从人的因素、物的因素、环境因素、管理因素四个方面对各风险点的危险源开展辨识，参考《生产过程危险和有害因素分类与代码》(GB/T 13861—2022)，全面辨识危险源存在或伴随的风险，确定危险源。

(1)危险源主要分为设备设施类、作业环境类、作业活动类及其他类。其中，设备设施类指风险点内有毒有害物质或能量的载体；作业环境类指除设备设施类和作业活动类之外的内部环境和外部环境；作业活动类应涵盖常规作业活动和非常规作业活动；其他类则是除以上三种类型外结合安全管理实践动态补充的危险源。

(2)从危险源的形成根源来看，危险源主要分为人的因素、物的因素、环境因素和管理因素。

人的因素是重要的危险源，通常指作业人员的不安全行为、生理和心理状态等。在生产活动中，这类因素主要是来自人员自身或人为性质的危险和有害因素，包括心理性、生理性、行为性危险源。辨识中应考虑作业过程所有的常规活动和非常规活动，其中，非常规活动是指异常状态、紧急状态的活动。

物的因素是常见的危险源，通常指铁路设备和设施、列车、机械、轨道、信号系统、供电系统、材料等设备的故障、缺陷等，一般包括物理性、化学性、生物性危险源。辨识中应考虑正常、异常、紧急三种状态。其中，常见的异常状态有监测参数偏离正常值、异常开停车、设备“带病”作业、临时性变更工艺、作业流程等；常见的紧急状态有监测参数严重超过限值、危险物质大量泄漏、紧急停车、设备事故、压力管道和容器破裂、停水停电等。

环境因素指铁路所处的自然环境和作业环境，如恶劣天气、地质条件、作业场所的空间布局等可能带来风险，包括室内、室外、高空、地下、隧道、有限空间及其他作业环境。

管理因素指安全管理制度不完善、管理措施不到位、安全监督检查不严格等管理方面的问题，包括组织机构不健全、责任制未落实、管理规章制度不完善、安全投入不足以及其他管理缺陷。辨识中应考虑合规性、适合性和时效性。

综上，按照危险源的根源来看，常见危险源参见表4.1.2。

常见危险源　　表4.1.2

序号	类型	名称
1	人的因素	（1）心理、生理因素：负荷超限（体力、听力、视力、其他），健康状况异常，从事禁忌作业，心理异常情绪异常、冒险心理、过度紧张、其他），辨识功能缺陷（感知延迟、辨识错误、其他），其他； （2）行为性因素：指挥错误（指挥失误、违章指挥、其他），操作错误（误操作、违章作业、其他），监护失误，其他； （3）其他
2	物的因素	（1）物理性因素 ①设备、设施、工具、附件缺陷：强度不够、刚度不够、稳定性差、密封不良、耐腐蚀性差、应力集中、外形缺陷、外露运动件、操纵器缺陷、制动器缺陷、控制器缺陷、设计缺陷、传感器缺陷、其他； ②防护缺陷：无防护，防护装置、设施缺陷，防护不当，支撑（支护）不当，防护距离不够，其他； ③电危害：带电部位裸露、漏电、静电和杂散电流、电火花、电弧、短路、其他； ④噪声：机械性、电磁性、流体动力性、其他； ⑤振动危害：机械性、电磁性、流体动力性、其他； ⑥电离辐射； ⑦非电离辐射：紫外、激光、微波、超高频、高频电磁场、工频电场、其他； ⑧运动物危害：抛射物，飞溅物，坠落物，反弹物，土、岩滑动，料堆（垛）滑动，气流卷动，撞击，其他； ⑨明火； ⑩高温物质：气体、液体、固体、其他； ⑪低温物质：气体、液体、固体、其他； ⑫信号缺陷：无信号设施、信号选用不当、信号位置不当、信号不清、信号显示不准、其他； ⑬标志标识缺陷：无标志标识、标志标识不清晰、标志标识不规范、标志标识选用不当、标志标识位置缺陷、标志标识设置顺序不规范、其他； ⑭有害光照：直射光、反射光、眩光、频闪效应；

续上表

序号	类型	名称
2	物的因素	⑮信息系统缺陷：数据传输缺陷、自供电装置电池寿命过短、防爆等级缺陷、等级保护缺陷、通信中断或延迟、数据采集缺陷、网络环境、其他。 (2)化学性因素 ①理化危险：爆炸物、易燃气体、易燃气溶胶、氧化性气体、压力下气体、易燃液体、易燃固体、自反应物质或混合物、自燃液体、自燃固体、自热物质和混合物、遇水放出易燃气体的物质或混合物、氧化性液体、氧化性固体、有机氧化物、金属腐蚀物； ②健康危险：急性毒性、皮肤腐蚀刺激、严重眼睛损伤刺激、呼吸或皮肤过敏、生殖细胞致突变性、致癌性、吸入危险、其他。 (3)生物性因素 ①治病微生物：细菌、病毒、真菌、其他； ②传染病媒介物。 (4)其他
3	环境因素	(1)室内作业场所环境不良：室内地面滑，室内作业场所狭窄，室内作业场所杂乱，室内地面不平，室内梯架缺陷，地面、墙或天花板开口缺陷，房屋基础下沉，室内安全通道缺陷，房屋安全出口缺陷，采光照明不良，作业场所空气不良，室内温度、湿度、气压不适，室内给、排水不良，室内涌水，其他； (2)室外作业场地环境不良：恶劣气候与环境，作业场地和交通设施湿滑，作业场地狭窄，作业场地杂乱，作业场地不平，交通环境不良，脚手架、阶梯和活动梯架缺陷，地面及地面开口缺陷，建(构)筑物和其他结构缺陷，门和周界设备缺陷，作业场地地基下沉，作业场地安全通道缺陷，作业场地安全出口缺陷，作业场地光照不良，作业场地空气不良，作业场地温度、湿度、气压不适，作业场地涌水，排水系统故障，其他； (3)地下作业环境不良：地下作业面空气不良、地下水、其他； (4)其他作业环境不良：强迫体位、综合性作业环境不良、其他
4	管理因素	(1)职业安全卫生管理机构设置和人员配备不健全； (2)职业安全卫生责任制不完善或未落实； (3)职业安全管理制度不完善或未落实：建设项目“三同时”制度、安全风险分级管控、事故隐患排查治理、培训教育制度、操作规程、作业指导书、职业卫生管理制度等不完善或未落实、其他； (4)职业安全卫生投入不足； (5)应急管理缺陷：应急资源调查不充分，应急能力、风险评估不全面，事故应急预案缺陷，应急预案培训不到位，应急预案演练不规范，应急演练评估不到位，其他； (6)其他

(3)按导致事故的直接原因分类，危险源主要包括物理性危险源，化学性危险源，生物性危险源，心理、生理性危险源和行为性危险源。

①物理性危险源主要包括设备设施缺陷，如轨道几何尺寸超限、道岔尖轨磨损、信号机显示不清、车辆制动部件损坏等。防护缺陷，如铁路沿线防护栅栏损坏、缺失，道口防护设施故障，作业现场缺少防护用品等。电危害，如接触网漏电、电气设备短路、过载、静电等。噪声危害，如列车运行噪声、施工噪声等，长期暴露在高噪声环境中可能对作业人员听力造成损害。振动危害，列车行驶引起的轨道振动、施工机械振动等，可能影响设备稳定性和人员

健康。电磁辐射,通信信号设备、电力设备等产生的电磁辐射,可能对人体和设备产生不良影响。运动物危害,如列车高速行驶产生的气流冲击、物体坠落、机械设备运动部件等可能造成的伤害。明火,铁路施工、维修作业中的动火作业,以及列车上可能出现的明火源等,可能引发火灾。能造成灼伤的高温物质,如接触网检修时可能接触到的高温部件、列车制动时产生的高温制动盘等。低温、寒冷天气铁路设备和设施可能结冰,作业人员可能会发生冻伤,铁路钢轨因低温可能造成钢轨折断。粉尘与气溶胶,如隧道施工、道砟铺设等作业中产生的粉尘,可能对作业人员呼吸系统造成危害。高温、炎热天气可能造成作业人员中暑、热射等,铁路钢轨出现胀轨跑道、无砟轨道胀板等。

②化学性危险源主要包括易燃易爆性物质,如铁路运输中的汽油、柴油、天然气等危险化学品,以及车站、车辆段等场所使用的油漆、酒精等易燃物品。自燃性物质,如黄磷等在一定条件下可能自燃,引发火灾和爆炸事故。有毒有害性物质,如铁路车辆清洗、消毒过程中使用的化学药剂,以及接触网防腐处理使用的化学物质等,可能对人体造成中毒伤害。腐蚀性物质,如酸、碱等腐蚀性化学品,在运输、储存和使用过程中,如果泄漏可能对设备、设施和人体造成腐蚀伤害。

③生物性危险源主要包括致病微生物,如列车车厢、车站候车室等人员密集场所可能存在的细菌、病毒等,容易引发传染病传播。传染病媒介物,如老鼠、蟑螂等可能携带病菌的生物,在铁路环境中可能传播疾病。致害动物,铁路沿线可能出现的野生动物,如大型动物穿越铁路可能与列车相撞,影响行车安全。其他生物性危险源,如植物生长影响铁路设备运行,或某些植物的花粉等可能引起作业人员过敏反应等。

④心理、生理性危险源主要为负荷超限,包括体力负荷超限和心理负荷超限,如作业人员长时间连续工作、工作强度过大,或面临较大的工作压力等。健康状况异常,如作业人员患有高血压、心脏病等疾病,可能在工作过程中突发疾病,影响工作安全。从事禁忌作业,通常是指作业人员不了解自身身体状况,从事禁忌的工作,如色盲人员从事信号作业等。心理异常,如作业人员出现情绪波动、焦虑、抑郁等心理问题,可能导致注意力不集中、操作失误等。辨识功能缺陷,如视力、听力不佳,或对信号、标志等识别能力差,可能影响作业安全。

⑤行为性危险源主要包括指挥错误,管理人员指挥不当,如调度命令错误、施工指挥失误等,可能导致事故发生。操作错误,作业人员违反操作规程,如驾驶人员超速行驶、违规操作信号设备,检修人员未按规定进行设备检修等。监护失职,在一些需要监护的作业中,监护人未能履行好监护职责,如在高处作业、带电作业时监护不到位。其他错误行为,如作业人员之间沟通不畅、协作不当等行为,也可能引发安全问题。

4.1.6 风险点、风险、危险源对比分析

(1)区别

风险点是指风险伴随的设施、部位、场所和区域,以及在特定设施、部位、场所和区域实施的伴随风险的作业活动,或以上两者的组合。它是风险的载体,是一个具体的、可被识别和定位的点或面,侧重于物理位置或作业活动等具体的对象。如危险货物运输中储存危险化学品的储罐区可看作一个风险点,铁路桥梁高处作业环节也应被辨识为风险点。

风险是指生产安全事故或健康损害事件发生的可能性和严重性的组合,强调的是不确定性以及这种不确定性可能带来的不良后果,是对危险源引发事故的可能性和后果严重程度的综合度量。如列车运行存在发生铁路交通事故的列车相撞风险,这个风险是由列车行驶速度、线路质量、沿线环境、机车驾驶人员状态等多种因素共同决定其发生可能性和可能造成的后果严重程度。

危险源是指可能导致人身伤害和(或)健康损害的根源、状态或行为,或其组合。它是风险产生的根源,更侧重于强调导致风险的本质因素。如在列车运行中,线路几何尺寸超限就是一种危险源,它具有破坏正常轮轨关系的特性,一旦满足特定的条件就可能引发列车脱轨、人员伤亡、机车车辆破损等事故。

(2)联系

对照以上区别的总结,可以看出,危险源是风险点和风险的基础,没有危险源,就不存在风险点和风险。危险源的存在是风险产生的前提条件,是引发事故和产生风险的内在因素,例如,机务段油库中的成品油,这些油就是一种危险源,如果没有这些油,就不会存在因易燃液体泄漏引发火灾爆炸的风险,这个油库也就不会被辨识为风险点。

风险点包含危险源并体现风险,风险点是危险源的载体和具体表现形式。一个风险点往往包含一个或多个危险源,同时,风险点也是风险的具体存在位置或活动场景,它承载着风险的发生可能性和后果严重性等特征。例如,在铁路桥梁高处作业风险点中,可能存在作业人员未穿戴安全带、步行板劣化破损等危险源,这些危险源导致了高处坠落事故发生的风险。

风险是危险源在风险点的表现结果,风险是对危险源在特定风险点可能引发不良后果的综合评估。在特定的风险点,由于存在的危险源及其相互作用会产生相应的风险,通过分析评估风险点中的危险源,能够确定该风险点存在的风险大小。如机务段油库风险点,存在着易燃液体泄漏、电气设备产生电火花等危险源,导致机务段油库存在火灾爆炸等风险。

(3)结论

风险与危险源之间既有联系又有本质区别。首先,讨论风险必然是涉及哪类或哪个危

险源的风险，没有危险源，风险则无从谈起。其次，任何危险源都会伴随着风险，危险源的差异往往导致风险存在差异。

风险点的表现形式主要有作业活动、设备设施、作业场所三个方面。风险点作为危险源的载体，明确危险源以何种方式附着于风险点，最后会引致何种风险。危险源作为一种客观现实的存在，能附着于风险点，在一个风险点中可以附着一个或多个危险源，能够单独或者复合发生风险。例如，铁路桥梁高处作业风险点，作业人员在高处作业，桥梁高度使作业人员具有重力势能，是危险源，高处坠落就可能造成人员伤亡风险；使用的作业工机具，具有动能，是危险源，物体打击可能造成人员伤亡风险；安全带等设备质量不良、作业人员违章作业，是危险源，均可能造成人员伤亡风险；同时，桥梁高度、安全带等设备质量不良、作业人员违章作业多个危险源共同作用，可能造成人员伤亡风险。因此，风险点、风险、危险源相互关联、相互依存，共同构成了风险管理的基础概念体系，对于铁路安全生产而言，只要进行生产经营活动，就会存在风险点，附着危险源，成为风险。

4.2　风险辨识评估

铁路风险辨识评估一般包括准备阶段、实施阶段和分析评估阶段。风险辨识是对尚未发生的各种风险进行系统的归类和全面的识别，主张以科学的方法，全面、详细地剖析生产系统，确定危险源存在的部位、存在的方式、事故发生的途径及其变化的规律，并予以准确描述，从而使铁路单位准确了解风险和危险源，并对其施加控制。风险辨识结果连同风险评估技术，可以为铁路单位的安全管理提供科学的决策依据，从而达到加强安全管理、控制事故发生的最终目的。

铁路单位针对本单位生产经营活动范围、生产经营环节，明确风险辨识范围、方式和程序，突出旅客列车风险、从业人员伤亡风险以及系统性、区域性、多发性和偶发性风险，组织相关部门、专家和全体员工辨识风险。

4.2.1　准备阶段

该阶段主要的工作是组建由铁路单位负责人、安全管理人员、铁路专业技术人员、一线作业人员以及专家等构成的风险辨识小组。小组成员应具备丰富的铁路工作经验和专业知识，熟悉铁路系统的各个环节和工艺流程。广泛收集并汇总整理与铁路风险辨识相关的铁路设计文件、施工图纸、操作规程、维护手册、安全标准、事故案例、法律法规、行业规范等资料，作为风险辨识重要的依据和参考。根据铁路单位或作业的特点和要求，制定详细的风险辨识计划，明确辨识的目的、范围、方法、步骤、时间安排以及小组成员的职责分工等，确保风险辨识工作有序进行。

4.2.2 实施阶段

(1)确定风险点

按照功能独立、易于管理、大小适中、责任明确的原则,风险辨识小组针对工作实际,按照功能、区域、设备、作业等因素,涵盖生产经营全过程的常规活动和非常规活动,将设备设施、部位、场所、区域、作业等划分为若干个相对独立的风险点。在分析过程中,可以按生产设备设施类别、地理位置、作业任务、生产(工艺)流程的阶段来划分风险点,形成风险点台账。风险点台账应根据现场实际及时更新,铁路单位结合安全生产实际进行划分,例如铁路线路(区间、车站、段管线等),设备设施(桥梁、隧道、路基、轨道设备、信号设备、供电设备、机车车辆等),作业活动(行车作业、检修作业、施工维修作业等),车站(候车室、站台、办公区域等),工务线路(某一区段公里线路、岔区、某号道岔、股道、小半径曲线、通信不良地段等)等,这样有利于更全面、细致地进行风险辨识。

风险点台账至少包括风险点名称、排查日期、开始日期、解除日期等信息,参见表4.2.1。

风险点台账(示例) 表4.2.1

序号	风险点	排查日期	开始日期	解除日期
1	××候车室			
2	××站台			
3	××信号灯			
4	××km 通信不良地段			
5	××隧道			
6	××~××km 线路			
…	……			

确定铁路风险点是一个系统工程,需要综合考虑历史事故数据、设备状况、作业流程等多方面因素,以下是一些常见的确定方法。

①基于历史数据与案例分析的确定方法。事故统计分析指收集铁路系统过去发生的各类事故发生的时间、地点、原因、后果等信息数据。通过对这些数据的整理和分析,找出事故发生频率较高的区域、设备类型、作业环节,进而确定风险点。例如,某段铁路在过去几年中多次发生因线路几何尺寸不良导致的列车延误,那么该段线路就是一个明显的风险点。故障数据挖掘是对铁路设备的故障记录进行深入挖掘,分析设备故障的类型、发生周期、影响程度等,并进一步确定风险点。例如,分析信号设备故障数据,发现某种型号的信号机在特定天气条件下容易出现故障,那么这种信号机就构成了风险点。行业案例借鉴指借鉴国内外铁路行业的类似事故和风险案例,结合自身铁路系统的特点和实际情况,判断可能存在的

风险点。例如,其他铁路单位曾发生过因施工管理不当而导致的列车相撞事故,那么在本单位施工环节就当以此为戒,锁定相关风险点并严加管控。

②基于设备与环境评估的确定方法。设备检测与评估是利用轨道监测系统、探伤车、列车运行状态监测系统等先进的检测技术和设备,对铁路设备进行定期检测和实时监测。通过检测数据评估设备的技术状态,确定设备是否存在老化、磨损、故障等问题,将存在问题的设备及其所在位置确定为风险点,如通过钢轨探伤发现某段线路钢轨存在内部伤损,这就是一个风险点。环境风险识别是全面调查分析铁路沿线的自然环境和社会经济活动,自然环境方面,关注容易发生洪水、泥石流、山体滑坡等自然灾害的地段;社会经济活动方面,需要特别关注铁路沿线的人口密集区、道口、易燃易爆物品生产储存区、施工活动频繁区等,这些区域都可能对铁路运输构成风险,是需要确定的风险点。

③基于作业流程与人员因素分析的确定方法。作业流程梳理指详细梳理铁路运输生产的各个作业流程,从而为分析每个环节可能存在的风险奠定基础。例如,在调车作业中检查车辆连接、制动试验等环节操作不规范,就可能引发安全事故,这些作业环节就是风险点。人员行为分析是考虑铁路工作人员的业务能力、工作态度、疲劳程度等因素,统计和分析人员操作失误、违规作业等行为,找出与人员因素相关的风险点。例如,统计发现某些司机在夜间行车时容易出现疲劳驾驶的情况,那么夜间行车以及相关司机的工作安排就是需要关注的风险点。

④基于风险评估模型的确定方法。泛指运用故障树分析、事件树分析、层次分析法等风险评估方法,建立适合铁路单位的风险评估模型。通过对各种危险源的分析,确定风险发生的概率和后果严重程度,从而识别出风险点。例如,可以借助故障树分析找出导致列车脱轨的各种可能危险源及其逻辑关系,计算出不同因素组合下脱轨事故发生的概率,从而将概率较高的危险源组合所对应的环节或设备确定为风险点。

(2)选择风险辨识方法

鉴于铁路风险的多样性和复杂性,为全面、准确地开展风险辨识,铁路单位需要借助恰当的风险辨识方法,由此,选择风险辨识方法成为风险辨识的关键环节。铁路单位根据安全生产特点和实际情况,选择安全检查表法、经验分析法、故障树分析法、事件树分析法、头脑风暴法等合适的风险辨识方法,也可综合运用多种方法,发挥各类方法的组合优势。常见的风险辨识方法有以下几种。

①安全检查表法(Safety Checklist Analysis,简称 SCA)。安全检查表法是将一系列检查项目编制成表格形式,依据相关法规、标准、规范以及实践经验等,逐一检查系统或设备,进而识别风险的方法。该方法适用于铁路工程建设、设备维护、运营管理等多个环节。通过系统分析检查对象,列出可能存在的危险源和问题,制成检查表,然后按照检查表的内容进行

检查，发现不符合项或存在的问题，即认为存在风险。

编制安全检查表需要确定要检查的系统、设备、场所或作业活动等内容，明确查找安全隐患、评估安全管理水平等检查的预设目标。首先，收集相关的法律法规、标准规范、操作规程、设备说明书、以往事故案例等资料，作为确定检查项目依据。其次，将检查对象按照功能、结构、工艺流程等因素，分解为若干个相对独立的子系统或单元，以便后续开展更全面、细致的检查。再次，针对每个子系统或单元，依据收集的资料和实际经验，确定具体的检查项目和内容。需要注意的是，检查项目应涵盖设备设施的安全性、人员操作的规范性、安全管理措施的有效性、环境条件的安全性等可能存在的各类风险。在此基础上，制定每个检查项目的检查标准和要求，以便判断检查结果是否符合安全规定。检查标准应尽可能具体、量化，具有可操作性。最后，将确定的检查项目、内容、标准和要求等，按照一定的格式编制成检查表。检查表一般应包括序号、检查项目、检查内容、检查标准、检查结果、备注等栏目。检查表完成编制后，可组织相关专业人员审核检查内容是否全面、准确，标准是否合理，表述是否清晰，并根据审核意见对检查表进行修改完善。

检查人员应具备相应的专业知识和经验。检查前，检查人员应熟悉检查表的内容和要求，了解检查对象的基本情况。检查过程中，检查人员按照检查表的项目和顺序，可采用观察、测量、试验、查阅记录等方法对检查对象进行逐一检查，获取检查信息，如实记录检查结果。检查完成后，对检查结果进行汇总和分析，统计不符合项的数量和分布情况，分析存在问题的原因和可能导致的风险。根据检查结果和分析情况，针对存在的问题和风险，提出具有针对性和可操作性的整改建议和措施，明确整改责任人和整改期限。对整改情况进行跟踪，确保整改措施得到有效落实。整改完成后，检查整改效果，直至问题得到彻底解决。

安全检查表法具有系统性、全面性、规范性的特点，能够使检查工作更加条理化、标准化，不易遗漏重要的安全问题。同时，检查表的内容可以根据不同的检查对象和要求进行定制，适用性强，操作简单，易于掌握。然而，安全检查表法的弊端也显而易见，由于其编制质量依赖编制人员的专业知识和经验水平，可能会因编制人员考虑不周全，而导致检查表存在漏洞。此外，该方法主要侧重于对现有标准和规范的符合性检查，因而可能难以识别那些潜在的、非传统的安全风险。

②经验分析法（Empirical Analysis Method，简称 EAM）。经验分析法强调基于过往经验和专业知识分析认识事物，进行风险辨识等工作。该方法主要利用分析人员在相关领域长期积累的经验，以及对以往类似情况中出现的问题、风险的记忆和理解，将当前的情况与过去的经验进行对比和联想，从中识别出可能存在的危险源。相较于安全检查法，该方法更强调集体智慧的作用。

经验分析法的关键依据是先进、有效的集体智慧，这就要求实施中能够集合相关行业或领域有成熟工作经验，在各类业务流程、设备设施、操作规范等方面具有丰富相关经验的专业技术人员、管理人员、一线操作人员以及专家参与。在此前提下，尽可能收集与分析对象相关的项目计划、工艺流程、设备资料、操作手册、历史数据、事故记录等资料，作为后续开展经验分析的基础和参考。其中，较为有效的经验分析法主要有三种，分别是头脑风暴法、类比分析法和案例分析法。头脑风暴法鼓励参与团队立足自身经验，对分析对象可能存在的风险充分发散思维，尽力激发团队成员的想象力和创造力，尽善列出各种潜在风险。此外，可以平行借鉴相关经验，在集体智慧的经验库里寻找相似的已完成项目、系统或活动，比对关键点后，推测当前项目可能面临的风险，同时也对差异可能导致的新风险做适当考虑。深入研究和分析本行业或类似行业的典型事故案例、问题案例，将案例中的风险情景与当前分析对象进行匹配和对照，判断是否存在类似的危险源和触发条件，从中吸取教训，识别出可能隐藏的风险。整理和汇总头脑风暴、类比分析和案例分析中提出的各种风险，去除重复和明显不合理的内容，根据团队成员的经验，初步评估风险发生的可能性和可能造成的后果严重程度，确定风险管控的优先级。可以通过现场观察、与相关人员沟通等方式，将通过经验分析得出的风险清单与实际情况进行进一步的验证和核对，检查风险识别的准确性和完整性。根据验证结果，补充和完善风险清单。

经验分析法具有较强的直观性和灵活性，能够快速地初步辨识评估风险，不需要复杂的计算和模型。它充分利用了分析人员的经验和专业知识，对于一些难以用定量方法分析的风险，能够提供有价值的见解。此外，还具有一定的成本的优势。该方法的准确性和可靠性在很大程度上取决于分析人员的经验和主观判断，可能存在一定的局限性和片面性。不同的分析人员可能会因为经验和观点的不同而得出不同的结论。对于一些全新的、没有先例的系统或项目，经验分析法可能无法提供全面准确的风险辨识，容易遗漏一些潜在的、不常见的风险。

③作业危害分析法（Job Hazard Analysis，简称 JHA）又称作业安全分析（Job Safety Analysis，简称 JSA），是通过系统分析作业活动的全过程，识别出每一步骤中可能存在的危害，并评估其风险等级，进而采取相应控制措施的方法。该方法广泛应用于化工、建筑、电力、机械制造等众多行业的安全生产管理，经应用检验，能够帮助企业预防事故发生，保障员工的生命安全和身体健康，提高企业的经济效益和社会效益。该方法主张将作业活动分解为若干个相对独立的步骤，而后针对每个步骤，依据相关标准、规范、经验分析可能出现的危险源，再根据危险源的性质、发生的可能性和后果严重程度，评估风险等级，以便制定有效的控制措施，消除或降低风险。

作业危害分析法适用于具有一定危险性、操作复杂或新开展的作业活动。按照作业的实际操作顺序，将作业活动逐步分解为一系列清晰、具体的步骤，每个步骤应相对独立、具有明确的开始和结束点,一般以一个动作或一个操作环节为一个步骤。针对每个作业步骤,全面识别可能存在的危险源,如人的因素可能包括操作失误、疲劳作业等;物的因素可能有设备故障、防护装置缺失等;管理因素可能有操作规程不完善、作业方法不当等;环境因素可能有作业环境照明不足、通风不良等。根据危险源的性质、发生的可能性和后果严重程度,采用合适的风险评估方法,对识别出的危险源进行风险评估,确定风险等级。针对不同风险等级的危险源,遵循消除、替代、工程控制、管理控制、个体防护的优先管理顺序,如高处作业的坠落风险,可以通过搭建牢固的脚手架(工程控制)、制定严格的高处作业安全规程并加强培训(管理控制)、配备合格的安全带(个体防护)等措施来管控风险。然后将制定好的管控措施落实到实际作业中,并跟踪检查管控措施的执行情况,确保管控措施有效实施。同时,定期重新评估作业活动,检查是否出现新的危险源,以及现有管控措施是否有效,根据评估结果及时调整和完善管控措施。

鉴于在对作业活动进行详细分解和全面分析方面的优势,作业危害分析法能够帮助风险辨识小组识别出各个环节的潜在危害,避免遗漏重要风险。针对每个作业步骤和危险源制定具体的管控措施,使风险管控更具针对性和可操作性。该方法相对简单,不需要复杂的专业知识和技术,作业人员和管理人员都容易理解和掌握,便于在实际工作中推广应用,有助于完善安全管理制度和操作规程,提高企业的安全管理水平,促进员工安全意识的提升。然而,针对作业活动的危险源辨识和风险评估在很大程度上依赖于分析人员的经验和主观判断,不同的分析人员可能会得出不同的结果。对于一些复杂的、涉及多个专业和多个环节的大型作业活动,分解作业步骤和危险源辨识可能会比较困难,需要耗费大量的时间和精力。如果作业活动的条件、设备、人员等因素发生变化,需要及时更新对作业危害的分析,一旦更新不够及时、全面,就可能出现分析结果与实际表现相背离的情况。

④故障树分析法(Fault Tree Analysis,简称 FTA)是从结果到原因描绘事件发生逻辑关系的一种方法,以系统不希望发生的事件(顶事件)作为分析的目标,通过逐层向下分析,寻找导致顶事件发生的所有可能原因,并用逻辑将这些原因事件连接起来,构成一种树状逻辑图,即故障树,从而清晰地展示系统故障的因果关系。故障树分析法在航空航天、核能、化工、电子等众多领域都有广泛的应用,如在汽车制造中用于分析汽车制动系统故障,在石油化工行业用于分析石油泄漏事故等,该方法的正确使用对提高系统的可靠性和安全性发挥着重要作用。

实施故障树分析法的前提是能够明确系统不希望发生的事件。该事件通常是一个对系统安全、性能或功能有重大影响的故障或事故,如飞机坠毁、核电站泄漏、设备停机等,也称顶事件。顶事件应该是具体的、可定义和可观测的。构建故障树主要从顶事件开始,逐步分析导致顶事件发生的直接原因,根据各原因事件之间的逻辑关系,选择合适的逻辑将它们连接起来。深入分析每个原因事件，找出其下一级的原因事件，按照逻辑关系不断向下扩展，直到不能再分解的基本事件为止。分析各个基本事件对顶事件发生的影响程度，即结构重要度。基本事件出现的次数越多，其结构重要度越高，表明该基本事件对系统故障的影响越大。收集基本事件的发生概率数据，根据故障树的逻辑关系和基本事件的概率，运用概率理论计算顶事件发生的概率，根据顶事件概率和其他相关因素，如事故后果的严重程度，评估系统的风险等级，为风险管控提供依据。根据定性和定量分析的结果，针对系统的薄弱环节和高等级风险，制定相应的改进设计、加强维护、提高人员培训水平等管控措施。同时，建立系统的监控机制，对关键因素和故障模式进行实时监测，及时发现和处理潜在问题，降低系统故障的发生概率。

故障树分析法的表现形式较为直观，用图形化的故障树清晰地展示了系统故障与原因之间的逻辑关系，便于理解和交流，即使是非专业人员也能较为容易地掌握系统的故障模式和关键因素。能够全面考虑硬件故障、软件错误、人为失误、环境因素等导致顶事件发生的各种可能因素和途径，全方位分析系统，避免遗漏重要的危险源。该方法的应用形式较为多样，既可以进行定性分析，找出系统的薄弱环节和故障模式，又可以进行定量分析，计算顶事件发生的概率，为风险评估和决策提供量化依据。通过对故障树的分析，能够提前预测系统可能发生的故障，帮助采取有效的预防措施，降低故障发生的可能性，提高系统的可靠性和安全性。然而，对于复杂系统，建树过程可能非常困难和耗时，需要专业的知识和丰富的经验，进行定量分析时，需要准确的基本事件概率数据，这就使得建构经验的缺乏或者概率数据的缺失会影响定量分析结果的准确性。此外，故障树的适应性较差，一旦系统结构或运行条件发生变化，就需要重新构建或修改故障树才能进行风险辨识。

(3)开展风险辨识

按照选定的辨识方法，辨识人员对各个风险点逐一进行全面、系统分析和识别。通过现场查看、资料分析、人员访谈、模拟演练等方式，查找可能存在的危险源、风险事件和隐患。在辨识过程中，要详细记录发现的风险的名称、位置、表现形式、可能导致的后果等各种风险信息。危险源辨识需要结合风险点台账，识别各风险点的不同类型风险存在的危险源，分析和确定存在的部位、存在方式并予以准确描述。

铁路单位按照车务、机务、工务、电务、车辆、供电等专业开展风险辨识，结合本专业、本单位安全生产实际，辨识符合专业特点的风险，各专业风险辨识参考如下。

①车务专业

列车调度指挥风险是列车调度员在指挥列车运行过程中，可能因误判列车运行、错误下达调度命令等原因导致列车运行冲突。例如，在安排列车进路时，未考虑到列车之间的间隔距离，导致列车追尾或正面冲突。此外，调度员与司机、车站值班员之间的通信不畅，也可能导致调度指令传达错误，影响列车运行安全。

车站作业组织风险是在车站作业过程中，若车站值班员误办进路、错办信号等，会导致列车进入错误的股道，引发安全事故。调车作业存在调车人员未按规定进行作业，导致车辆溜逸、冲突。车站的客运组织工作若出现失误，如旅客乘降秩序混乱、列车晚点时旅客疏导不畅等，可能引发旅客安全事件。

施工组织风险是铁路施工会对正常的运输秩序产生影响，若施工组织不当，可能导致施工与行车相互干扰，引发安全事故。例如，施工部署会未协调各单位施工内容，可能会发生施工单位未按规定设置防护信号、施工人员擅自进入限界等情况，就可能危及列车运行安全、造成各单位施工干扰、破坏设备、作业人员伤亡。

②机务专业

机车故障风险包括牵引系统的牵引电机、变流器等故障会影响列车的正常运行速度和运行安全，可能导致机车牵引力不足或丧失。制动系统的制动闸瓦磨损过度、制动管路泄漏等故障影响列车的停车安全，可能导致制动失效。机车的电气线路短路、断路，控制单元故障等电气系统故障，也会影响机车的正常操作和运行。

司机操作失误风险是指司机可能因疲劳驾驶、注意力不集中、误判信号等原因出现操作失误。例如，在通过道口、弯道等特殊地段时，未按规定减速行驶；在与车站或调度员进行通信联络时，未准确传达或接收信息，导致错误执行行车指令。

恶劣天气影响风险主要是在暴雨天气，线路可能积水，路基稳定性遭到破坏，导致列车脱轨；在暴雪天气，积雪可能覆盖信号设备，影响司机瞭望，同时可能导致道岔卡组，影响列车进路；大风天气可能使机车受到侧向风力作用，影响列车的稳定性，尤其是在高架桥梁上行驶时，影响更为突出。

③工务专业

线路结构异常风险着重关注铁路线路的道床、轨枕、钢轨等关键结构部件。道床若出现翻浆冒泥现象，会严重影响线路的稳定性，导致列车行驶时产生颠簸，甚至威胁行车安全。轨枕断裂则会使钢轨支撑不足，加剧钢轨磨损，增加线路病害风险。钢轨的磨损、擦伤以及裂纹等问题，尤其是在重载铁路和高速铁路上，若未及时发现和处理，极有可能引发断轨事故，造成严重后果。

路基病害异常风险是指边坡一旦发生滑坡，路堑地段可能掩埋线路、路堤地段可能线路悬空，危及行车安全。软土地基区域，由于长期承受列车荷载，容易出现路基沉降，导致线路不平顺，影响列车运行的平稳性和安全性。路基的坍塌、岩溶等病害也需重点关注，这些病害可能在短时间内对铁路设施造成严重破坏。

桥梁隧道结构异常风险通常会重点关注桥梁墩台基础的沉降和位移，基础的不稳定会改变桥梁的受力状态，影响桥梁结构安全。桥梁结构的裂缝和变形也不容忽视，尤其是在长期使用和恶劣环境影响下，裂缝可能逐渐扩大，导致结构强度降低。桥梁支座的老化、失效，会使桥梁的活动能力受限，进一步影响桥梁的使用寿命。隧道衬砌的裂缝和渗漏水隐患较为常见，渗漏水不仅会侵蚀衬砌结构，还可能导致隧道内轨道结构生锈、腐蚀，降低其使用寿命。隧道内扣件松动、轨枕损坏等轨道结构的异常，也会对列车运行安全构成威胁。

营业线施工风险包括未设置防护上线、未落实防护信号设置要求、施工人员未正确佩戴安全防护用品、超范围施工等。在区间施工时，防护信号设置距离不足或被意外移动，可能使列车司机无法及时发现施工班组，引发列车相撞事故。施工过程中，施工工艺不规范、施工材料质量不合格，可能导致线路维修后质量不达标。例如，在焊接钢轨时，焊接工艺或材料不符合要求，钢轨易在列车运行过程中造成焊缝断开，危及行车安全。施工人员操作失误、违规作业，可能导致线路几何尺寸超限，影响列车运行平稳性和安全性。施工人员在施工现场疲劳作业、注意力不集中，也容易引发安全事故。

④电务专业

信号设备故障风险包括信号机、转辙机、轨道电路等故障引起的风险。信号机作为列车运行的重要指示设备，其灯泡损坏、显示异常等问题会直接影响司机对信号的准确判断，可能导致列车误判进路，引发安全事故。转辙机负责道岔的转换，若出现故障，道岔无法正常转换，将影响列车的进路排列，引发安全事故。轨道电路的作用是用于检测列车的占用情况，一旦出现故障，会使列车占用信息错误，引发行车冲突风险。信号设备的联锁关系错误、通信接口故障等可能导致信号系统的整体运行异常。

信号系统软件故障风险包括信号系统软件可能出现漏洞、死机、误报警等情况，可能导致错误开放信号、错误排列进路等信号系统误动作，危及行车安全。软件版本不兼容、升级失败等问题也可能影响信号系统的正常运行。

⑤车辆专业

车辆的车体结构若出现变形、裂纹等问题，影响车辆的强度和稳定性，尤其是在高速运行和重载运输情况下，风险更为突出。转向架作为车辆的关键走行部件，其轮对磨损、轴承故障、弹簧失效等问题严重影响行车安全，可能导致车辆运行时出现异常振动、脱轨等事故。

制动系统是保障运行安全的重要装置，在列车运行过程中，一旦制动系统出现制动缸泄漏、制动闸片磨损、制动管路堵塞等制动系统故障，可能导致车辆制动失效，将无法及时停车，极易引发严重的安全事故。

车辆电气系统的故障风险指可能导致车辆照明、空调、通信等设备无法正常工作，影响旅客的乘车体验。更为严重的电气系统的短路、过载等故障可能引发火灾，危及旅客生命和财产安全。

⑥供电专业

供电设备故障风险主要是牵引变电关键设备风险和接触网故障风险。牵引变电所内的变压器、断路器、隔离开关等设备故障会导致供电中断，使列车无法正常运行。例如，变压器内部绕组短路，可能引发跳闸，影响整个供电区间。接触网方面，导线断股、零部件松动以及绝缘子污秽等问题较为常见。其中，导线断股可能在列车取流时发生断裂，造成接触网停电；零部件松动可能导致接触不良，影响供电稳定性；绝缘子污秽则可能引发闪络放电，威胁供电安全。

供电系统电压异常风险是指供电系统电压波动、过电压或欠电压都可能对设备造成损害。电压波动过大，会使列车电气设备频繁启停，缩短设备使用寿命；过电压可能击穿设备绝缘，引发设备故障；欠电压则会导致列车牵引力不足，影响列车正常运行。

外部环境风险包括自然灾害、沿线树木、轻飘物、硬飘物等。暴雨可能引发洪水，冲毁供电设施；大风可能吹倒接触网支柱，导致接触网坍塌；暴雪会使接触网覆冰，增加导线重量，引发断线事故；铁路沿线树木生长过高，可能触碰接触网，造成短路跳闸。

(4)风险描述

风险描述是对风险相关信息进行全面、准确阐述的过程，用具体的概率数值来表示风险发生的可能性，用确切的数量来衡量风险的后果，对辨识出的危险源，详细描述危险源的名称、类别、存在位置、可能导致的事故类型、触发条件、影响范围等，清晰呈现风险的各方面特征，为后续风险评估和制定管控措施提供依据。描述可能导致事故的根源和可能的状态，注意不是对结果的描述，应避免"作业人员撞伤"等事故后果类描述，要对类似"来车未及时下道避车"等导致"作业人员撞伤"的原因进行描述。同时，描述必须具体，不能出现"人员违章"等过于宏观的描述，而应对各种导致违章的现象进行有针对性的描述。例如，对于危险物品存放处所的易燃易爆气体泄漏危险源，要说明气体的种类、泄漏可能引发的火灾、爆炸事故，以及泄漏可能发生的位置和影响的区域。风险描述内容包括：

①风险事件。明确可能发生的具体事件，如"铁路专用产品因质量问题被大量召回""铁路调度指挥系统服务器遭受黑客攻击导致铁路运输数据混乱"。这是风险描述的核心，界定了风险的性质和表现形式。

②风险原因。深入分析风险产生的原因，辨识风险的单一或多种危险源，包括人的因素(如操作失误、违规作业等)、物的因素(如设备故障、防护缺陷等)、环境因素(如高温、潮湿等)和管理因素(如制度不完善、培训不到位等)，阐述引发风险事件的因素，涵盖内部和外部因素，内部因素包括企业管理不善、技术水平不足、员工操作失误等；外部因素包括政策法规变化、市场竞争加剧、自然灾害等，如"因钢轨供应商提供的钢轨存在大量核伤，导致钢轨质量缺陷断轨，进而引发列车脱轨风险"。

③风险后果。通常会用“严重”“重大”“中等”“轻微”或者“灾难性的”“可承受的”等定性表述或具体数值的定量说明来刻画风险一旦发生会造成的安全、设备、中断行车、财产、声誉、运营、人员等方面的后果严重程度，如“泥石流上道将中断行车，影响线路列车运行，中断行车×小时×分，造成经济损失×元”。

④风险可能性。评估风险事件发生的概率，通常会用一些如“高”“中”“低”或者“很可能”“可能”“不太可能”“几乎不可能”等词汇来描述风险发生的概率，也可用具体数值表示，如“在当前网络安全防护水平下，服务器遭受黑客攻击导致数据泄露的可能性为30%”。

4.2.3　分析评估阶段

铁路单位结合生产特点和安全生产历史数据资料，选择定性或定量的风险评估方法，按照从严从高的原则，对辨识出的风险逐项评估确定风险等级。风险评估过程应当突出遏制重特大事故、人员伤亡事故，重点关注暴露人群，聚焦旅客列车、劳动密集型场所、高危作业工序和受影响的人群规模。

(1)选择风险评估方法

风险评估方法可以是定性的、半定量的、定量的，或者是这些方法的组合。铁路单位根据自身风险评估的目标、范围、专业技术力量、获取评估所需信息的难易程度等因素，选择适合自身特点、简单易行、便于操作的评估方法。各种评估方法对于风险评估各阶段而言适用性各不相同，铁路单位可以在风险评估各阶段选用适用的风险评估方法。针对重要的环节和场所，可同时选用多种评估方法，互相补充、互为验证，以提高评估结果的准确性。常用的风险评估方法如下。

①风险矩阵评价法

风险矩阵评价法是一种常用的风险可视化评估工具，是对风险发生的可能性和后果严重程度综合评估风险大小的定性的风险评估分析方法，用于综合评估风险发生的可能性和后果严重程度，以确定风险等级。风险矩阵评价法将风险的两个关键要素，即风险发生的可能性和后果严重程度，分别进行量化或分级，然后通过构建矩阵的方式，将这两个要素组合起来评定分数，进而确定相应的风险等级，直观地展示风险的相对大小，从而对风险进行评估和排序，以便决策者根据风险等级采取相应的管理措施。其计算公式是：

$$R = L \times S \tag{4.2.1}$$

式中：R——风险值大小；

L——发生可能性；

S——可能造成的损失。

R值越大，说明该评价对象危险性越大、风险越大，由此形成风险矩阵图(图4.2.1)。

风险矩阵		一般风险（Ⅲ级）	较大风险（Ⅱ级）		重大风险（Ⅰ级）		有效类别	赋值	损失	
									人员伤害程度及范围	由于伤害估算的损失（元）
低风险（Ⅳ级）	6	12	18	24	30	36	A	6	多人死亡	600万以上
	5	10	15	20	25	30	B	5	一人死亡	100万~500万之间
	4	8	12	16	20	24	C	4	多人受严重伤害	4万~100万
	3	6	9	12	15	18	D	3	一人受严重伤害	1万~4万
	2	4	6	8	10	12	E	2	一人受到伤害，需急救，或多人受轻微伤害	2000~1万
	1	2	3	4	5	6	F	1	一人受轻微伤害	0~2000
	L	K	J	I	H	G	有效类别			
	1	2	3	4	5	6	赋值			
	不可能	很少	低可能	可能发生	能发生	有时发生	发生的可能性			
	估计从不发生	10年以上可能发生一次	10年内可能发生一次	5年内可能发生一次	每年可能发生一次	1年内能发生10次或以上	发生可能性的衡量（发生频率）			
	1/100年	1/40年	1/10年	1/5年	1/1年	≥10/1年	发生频率量化			

风险值	风险等级	说明
30-36	Ⅰ级	重大风险
18-25	Ⅱ级	较大风险
9-16	Ⅲ级	一般风险
1-8	Ⅳ级	低风险

图 4.2.1　风险矩阵图

根据历史数据、经验判断、统计分析等，评估辨识出的风险发生可能性，并划分等级，通常可分为高、中、低三个等级，也可进一步细化为五个等级——极高、高、中、低、极低。以铁路信号故障为例，若某信号系统经常出现故障，可将其发生故障的可能性评为“高”；若该信号系统很少出现故障，则可评为“低”。依据风险发生后可能造成的人员伤亡、财产损失、业务中断、环境破坏等后果，评估风险后果严重程度。以风险发生的可能性等级为横轴，以后果严重程度等级为纵轴，构建二维风险矩阵，矩阵中的每个单元格对应一个特定的风险值，通常用不同的颜色或符号来表示。将识别出的风险根据其发生可能性等级和后果严重程度等级，对应到风险矩阵中的相应单元格，确定其风险值，对应确定风险等级。根据风险等级，制定相应的风险管控措施。

风险矩阵评价不是一次性的工作，而是一个动态的过程。随着铁路系统的运行、环境的变化、新风险的出现等，需要定期对风险进行重新评估和更新，确保风险矩阵支持管控策略制定的有效性和准确性。

风险矩阵评价法通过矩阵形式将风险的可能性和后果严重程度直观地展示出来，使决策者和相关人员能够快速、清晰地了解风险状况，便于沟通和决策。由于同时考虑了风险发生的可能性和后果严重程度两个关键因素，避免了仅关注单一因素而导致的风险评估不全面的问题。评估者可以根据不同的评估对象和需求，灵活调整可能性和后果严重程度的等级划分标准和风险矩阵的结构，适用于各种类型的风险评估。但其缺点也相对直观，借助该方法确定风险发生的可能性和后果严重程度时，往往依赖于评估人员的经验和主观判断，不同的评估人员可能会得出不同的结果，导致评估结果的准确性和可靠性受到一定影响。此外，该方法虽然支持对可能性和后果严重程度分级，但这种分级通常是相对的，难以实现精确的量化，可能会影响风险评估的精度。如果量化分析依赖的数据不足或不准确，可能会导致风险评估结果偏差较大。

针对可能性等级划分提供以下参考标准。极低（几乎不可能），发生频率在铁路运营或项目实施的整个生命周期内，几乎没有发生的可能，如某种特定的极端罕见的地质灾害导致铁路事故的情况。低（不大可能），发生频率在10年以上可能发生一次，如一些不常出现的设备零部件的罕见故障。中等（少见），发生频率在5～10年内可能发生一次，比如因特定的天气条件（如每5～10年一遇的强风、暴雨等）引发的铁路设施损坏或运营干扰。高（有可能），发生频率在1～5年内可能发生一次，如部分关键设备由于正常磨损或老化等原因，在1～5年内可能出现的故障影响铁路运营。极高（极有可能），发生频率每年内可能发生一次或多次，如一些繁忙线路上，由于运输密度大、设备使用频繁等原因，可能每年都会出现的一些轨道磨损、信号设备故障等。

在上述划分的基础上，铁路单位也可以设置本单位划分标准便于分析评估风险等级，以下给出几种赋值描述的标准参考范例，铁路单位可以参考细化。

第一，发生可能性的定量标准。从发生概率、安全检查、操作规程、员工胜任程度、控制措施等五个方面对发生的可能性（L）进行评估赋值，取五项赋值最高的分值作为其最终可能性（L）值，发生可能性分值判定见表4.2.2。

发生可能性分值判定表　　　　表4.2.2

等级	赋值	发生概率	安全检查	操作规程	员工胜任程度	控制措施（监控、报警、应急等）
极有可能	5	可能反复出现	无检查标准或不按标准检查	无操作规程或从不执行操作规程	不胜任	无任何健康措施或有健康措施从未投入使用；无应急措施
有可能	4	可能屡次发生	检查标准不全或很少按标准检查	操作规程不全或很少执行操作规程	平均工作1年或多数为中学以下文化水平	有监控措施但不能满足控制要求，监控措施部分投入或有时投用；有应急措施但不完善或未开展演练
少见	3	可能偶尔发生	发生变更后检查标准未及时修订或多数时候不按标准检查	发生变更后未及时修订操作规程或多数不执行操作规程	平均工作年限1～3年或多数为高中（职高）文化水平	监控措施能满足控制要求，但经查被停用或发生变更后不能及时恢复；有应急措施但未根据变更及时修订或作业人员不清楚

续上表

等级	赋值	发生概率	安全检查	操作规程	员工胜任程度	控制措施(监控、报警、应急等)
不大可能	2	不太可能发生	检查标准完善,但偶尔不按标准检查	操作规程齐全,但偶尔不执行	平均工作年限4~5年或多数为大专文化水平	监控措施能满足控制要求,但偶尔存在失效或误操作;有应急措施,但每年只演练一次
几乎不可能	1	几乎不可能发生	检查标准完善,按标准进行检查	操作规程齐全,严格执行并有记录	平均工作年限超过5年或多数为本科及以上文化水平	监控措施能满足控制要求,从未失效或误操作;有应急措施,每年至少演练两次

第二,后果严重程度的定量标准。从人员伤亡情况、财产损失、运营影响、法律法规符合性、环境破坏和对企业声誉影响六个方面对发生后果严重程度(*S*)进行评估赋值,取六项赋值最高的分值作为其最终后果严重程度(*S*)值,发生后果严重程度分值判定见表4.2.3。

发生后果严重程度分值判定表　　表4.2.3

等级	赋值	人员伤亡情况	财产损失	运营影响	法律法规符合性	环境破坏	对企业声誉影响
可忽略的	1	人员受轻伤	损失相对较小,不足1万元	中断繁忙干线铁路行车不足1小时;中断其他线路铁路行车不足2小时	完全符合	基本无影响	没有造成公众影响
轻度的	2	3人以下死亡或10人以下重伤	造成1万元以上1000万元以下直接经济损失的	客运列车脱轨1辆;货运列车脱轨6辆以下;中断繁忙干线铁路行车1小时以上6小时以下;中断其他线路铁路行车2小时以上10小时以下	不符合单位规章制度要求	设备设施周围受影响	本岗位或作业范围
中度的	3	3人以上10人以下死亡或10人以上50人以下重伤	造成1000万元以上5000万元以下直接经济损失	客运列车脱轨2辆以上18辆以下;货运列车脱轨6辆以上60辆以下;中断繁忙干线铁路行车6小时以上;中断其他线路铁路行车10小时以上	不符合行业规章制度要求	作业范围内受影响	引起省级媒体报道,一定范围内造成公众影响
严重的	4	10人以上30人以下死亡或50人以上100人以下重伤	造成5000万元以上1亿元以下直接经济损失	客运列车脱轨18辆以上;货运列车脱轨60辆以上;客运列车脱轨2辆以上18辆以下,并中断繁忙干线铁路行车24小时以上或者中断其他线路铁路行车48小时以上;货运列车脱轨6辆以上60辆以下,并中断繁忙干线铁路行车24小时以上或者中断其他线路铁路行车48小时以上	不符合法律法规要求	作业区域内环境破坏	引起国家主流媒体报道

续上表

等级	赋值	人员伤亡情况	财产损失	运营影响	法律法规符合性	环境破坏	对企业声誉影响
灾难性的	5	30人以上死亡或100人以上重伤	造成1亿元以上直接经济损失	繁忙干线客运列车脱轨18辆以上并中断铁路行车48小时以上;繁忙干线货运列车脱轨60辆以上并中断铁路行车48小时以上	违法	周边环境破坏	引起国际主流媒体报道

注:表内所列内容所称的“以上”包括本数,所称的“以下”不包括本数。

第三,风险的定量标准。确定后果严重程度S和可能性L值后,根据$R=L\times S$计算风险值R,由风险矩阵表判定风险值,风险值范例参见表4.2.4。

风险值范例 表4.2.4

可能性L		损失S				
		5	4	3	2	1
		灾难性的	严重的	中度的	轻度的	可忽略的
5	极有可能	25	20	15	10	5
4	有可能	20	16	12	8	5
3	少见	15	12	9	6	3
2	不大可能	10	8	6	4	2
1	几乎不可能	5	4	3	2	1

②作业条件危险性评价法

作业条件危险性评价法是一种简便易行的衡量人们在某种具有潜在危险环境中作业的危险性的半定量评价方法。该方法以三种因素指标值之积来评价系统人员伤亡风险的大小,并将所得作业条件危险性数值与规定的作业条件危险性等级相比较,从而确定作业条件的危险程度。

作业条件的危险性大小,取决于三个因素:发生事故的可能性L(表4.2.5),人体暴露危险环境的频繁程度E(表4.2.6),一旦发生事故会造成的损失后果C(表4.2.7),三个因素乘积得到风险值D,表示风险大小(表4.2.8),其计算公式是:

$$D = L \times E \times C \tag{4.2.2}$$

发生事故的可能性(L) 表4.2.5

分数值	事故发生的可能性
10	必然发生
6	相当可能发生
3	可能,但不经常

续上表

分数值	事故发生的可能性
1	可能性小,完全意外
0.5	很不可能,可以设想
0.2	极不可能
0.1	实际上不可能

人体暴露危险环境的频繁程度(E)　　表4.2.6

分数值	暴露于危险环境的频繁程度
10	连续暴露
6	每天工作时间内暴露
3	每周一次或偶然暴露
2	每月一次暴露
1	每年几次暴露
0.5	非常罕见地暴露

一旦发生事故会造成的损失后果(C)　　表4.2.7

分数值	事故导致的人员伤亡、财产损失、环境破坏等后果的严重程度
100	大灾难,许多人死亡
40	灾难,数人死亡
15	非常严重,一人死亡
7	严重,躯干致残
6	重大,手足伤残
3	较大,受伤较重
1	较小,轻伤

危险等级划分(D)　　表4.2.8

分数值	危险程度
$D>320$	极其危险,不能继续作业
$160<D\leq320$	高度危险,立即整改
$70<D\leq160$	显著危险,需要整改
$20<D\leq70$	一般危险,需要观察
$D\leq20$	稍有危险,注意防止

实施作业条件危险性评价法需要明确作业活动或工作环境,如建筑施工中的高处作业、化工生产中的物料搬运等。识别作业过程中可能存在的各种设备故障、人员违规操作、环境不良等危险因素。根据式(4.2.2),计算出相应的风险值。根据计算出的风险值D,对照风险等级划分标准,确定该作业活动或工作环境的风险等级。针对不同的风险等级,制定消除风险、降低风险、个体防护等相应的风险管控措施,跟踪措施的实施效果,确保风

险得到有效控制。

作业条件危险性评价法的特点是简便、可操作性强，有利于掌握企业内部风险点的风险情况，能为企业的安全管理提供直观的风险评估结果，帮助企业确定风险管控的重点和优先级，进而采取有效的风险管控措施，减少事故的发生。但是 L、E、C 值的确定带有一定主观性，对事故发生的可能性只有定性概念，没有定量标准，评价实施时很可能在取值上因人而异，影响评价结果的准确性，可能导致评价结果不够精确。可在评价开始之前确定定量的取值标准。如“完全可以预料”是平均多长时间发生一次，“相当可能”为多长时间一次等。这样就可以按统一标准评价系统内各子系统的危险程度。在实际应用中，可结合其他风险评价方法，以提高评价的准确性和可靠性。

对于任何有人作业的具体系统，都可以按照实际情况选取三种因素的分数值，然后计算风险 D 值，根据 D 值大小，可以判定系统的危险程度高低。D 值大，说明该系统危险性大，需要增加安全措施，减少发生事故的可能性，或者降低人体暴露的频繁程度，或者减轻事故损失，直至调整到允许范围。

铁路单位制定的各种发生事故的可能性 L、人体暴露在这种危险环境中的频繁程度 E、一旦发生事故会造成的损失后果 C 的等级划分与具体描述，应结合安全生产实际制定，但标准应相对统一、规范。以下结合铁路安全生产实际给出发生事故的可能性、人体暴露在这种危险环境中的频繁程度、一旦发生事故会造成的损失后果等级划分与表述参考，见表4.2.9。

(2)确定风险等级

确定风险等级是一个综合考量多方面因素、运用科学方法和遵循特定流程的严谨过程。铁路单位可按照国家有关重大风险、重大危险源判定标准进行判定、评估、认定，采用风险矩阵法、作业条件危险性评价法等科学方法，并参考国际国内相关标准，构建风险等级划分模型，依据评估结果确定风险等级。

①采用风险矩阵法

重大风险的风险值范围 $R=15\sim25$，表示危险源多，管控难度大，如发生事故可能造成重特大经济损失或重特大伤亡事故，需填写清单并上报监管部门，列为重点监控对象。

较大风险的风险值范围 $R=8\sim12$，表示危险源较多，管控难度较大，如发生事故可能造成较大经济损失或较大伤亡事故，需制定专项措施，定期评估并强化现场管理。

一般风险的风险值范围 $R=4\sim6$，表示风险在受控范围内，如发生事故可能造成一般经济损失或一般伤亡事故，通过常规管理措施控制，加强员工培训和隐患排查。

低风险的风险值范围 $R=1\sim3$，表示风险在受控范围内，如发生事故可能造成轻微经济损失或轻伤事故，通过标准化操作和日常检查维持管控。

铁路作业条件危险性评价法评估表格

表 4.2.9

作业类型	作业描述	危险源	发生事故的可能性(L)	取值理由	人体暴露危险环境的频繁程度(E)	取值理由	一旦发生事故会造成的损失后果(C)	取值理由	风险值($D=L\times E\times C$)	危险程度	风险等级	风险控制建议
列车驾驶	驾驶列车按运行图行驶，操控列车运行速度、停靠站点等	疲劳驾驶，导致反应迟钝、操作失误	3	铁路司机排班制度相对合理，正常情况下疲劳驾驶情况较少，但由于长距离行车等因素，仍有一定可能发生	6	司机在整个工作班次内都处于驾驶岗位，持续暴露于潜在危险环境	40	可能引发追尾、脱轨等严重事故，造成大量人员伤亡和巨大财产损失	720	极其危险，不能继续作业	重大风险	严格执行司机排班制度，加强司机疲劳监测，如引入疲劳监测设备；定期组织司机进行休息和心理调适活动
轨道检修	对铁路线路进行日常检查、维护、更换磨损部件等	未正确设置警示标志，过往列车可能撞上检修人员	3	检修人员一般经过培训，但偶尔可能因疏忽未正确设置警示标志	3	线路检修工作每周进行一次，每次作业时间较长，属于每周一次暴露在危险环境	15	若列车撞上检修人员，会造成检修人员重伤甚至死亡	135	显著危险，需要整改	一般风险	加强对检修人员的安全培训，提高设置警示标志的意识；配备先进的警示设备，如自动感应警示灯
信号设备维护	对铁路信号设备进行检查、调试、维修，确保信号准确显示	带电作业时操作不当，引发触电事故	3	虽然有严格的安全操作规程，但在实际操作中仍存在一定操作不当的可能性	3	信号设备维护人员每周需进行一次设备维护，属于每周一次暴露在危险环境	7	触电事故可能导致维护人员重伤	63	一般危险，需要观察	低风险	为维护人员配备齐全的绝缘防护用具；加强带电作业安全培训和现场监督
货物装卸	在铁路货场进行货物的装卸、搬运工作	货物捆绑不牢，在装卸过程中掉落砸伤人员	3	装卸工人有时为追求效率，可能未严格按标准捆绑货物	6	装卸工人在整个工作时间内都在进行货物装卸操作，频繁暴露在危险环境	7	货物掉落可能导致装卸工人重伤	126	显著危险，需要整改	一般风险	强化装卸工人的安全操作培训，制定严格的货物捆绑检查制度；在装卸区域设置防护网
铁路调度	负责铁路列车运行的指挥调度，协调各列车的运行顺序和时间	调度指令错误，导致列车冲突	1	铁路调度系统有严格的审核和监督机制，调度员经过专业培训，调度指令错误的可能性较小	6	调度员在整个工作班次内持续工作，时刻处于可能因指令错误引发风险的环境	100	调度指令错误可能引发严重的列车冲突事故，造成大量人员伤亡和重大财产损失	600	极其危险，不能继续作业	重大风险	建立多重调度指令审核机制；采用先进的调度辅助系统，对指令进行智能校验

续上表

作业类型	作业描述	危险源	发生事故的可能性（L）	取值理由	人体暴露危险环境的频繁程度（E）	取值理由	一旦发生事故会造成的损失后果（C）	取值理由	风险值（$D=L\times E\times C$）	危险程度	风险等级	风险控制建议
隧道巡检	对铁路隧道进行定期巡查，检查隧道结构、通风、照明等设施状况	隧道内发生坍塌，掩埋巡检人员	0.5	铁路隧道建设质量有保障，日常维护较好，发生坍塌的可能性较小	2	隧道巡检每月进行一次，属于每月一次暴露在危险环境	40	隧道坍塌会造成巡检人员死亡，且修复难度大，影响铁路运营	40	一般危险，需要观察	低风险	加强隧道巡检人员的应急救援培训；为巡检人员配备先进的通信和定位设备
桥梁维护	对铁路桥梁进行检查、保养、维修，确保桥梁结构安全	在桥梁高处作业时未系好安全带，发生坠落事故	3	尽管有安全规范要求，但仍有部分维护人员可能存在侥幸心理未系好安全带	2	桥梁维护工作每月进行一次，每次作业有一定时长在高处，属于每月一次暴露在危险环境	15	高处坠落可能导致维护人员重伤甚至死亡	90	显著危险，需要整改	一般风险	加强高处作业安全培训，设置现场安全监督人员；为维护人员配备质量可靠的安全带和安全绳
接触网检修	对铁路接触网进行检修、维护，保障电力供应	检修时未正确断电，导致触电事故	3	接触网检修有严格的断电操作流程，但偶尔可能因操作失误未正确断电	3	接触网检修人员每周进行一次检修工作，属于每周一次暴露在危险环境	15	触电事故可能导致检修人员重伤甚至死亡	135	显著危险，需要整改	一般风险	实施严格的断电操作双确认制度；为检修人员配备专业的触电防护设备

②采用作业条件危险性评价法

极其危险(重大风险)的风险值范围 $D>320$,表示风险极高,事故发生的可能性很大,且一旦发生会造成极其严重的后果,必须立即采取措施停止作业,进行全面整改,直到风险降低到可接受水平。

高度危险(较大风险)的风险值范围 $160<D\leqslant 320$,这种风险状况下,事故发生的可能性较大,后果也非常严重,需要立即制定详细的风险控制措施,安排专人负责跟踪落实,优先投入资源进行整改。

显著危险(一般风险)的风险值范围 $70<D\leqslant 160$,意味着风险较为显著,有一定的事故发生可能性,且后果较为严重,需要引起高度重视,应制定针对性的风险控制计划,明确责任人和时间节点,逐步采取措施降低风险。

一般危险(低风险)的风险值范围 $20<D\leqslant 70$,表明存在一定的风险,事故有可能发生,后果一般,需要对风险进行关注,采取适当的控制措施,如加强人员培训、完善操作规程等,以防止风险进一步扩大。

稍有危险(低风险)的风险值范围 $D\leqslant 20$,表示风险相对较低,事故发生的可能性较小,后果也不严重,但仍不能忽视,可进行日常的管理和监控,保持现有的安全措施即可。

③其他重大风险判定情形

违反法律法规、规章制度、行业标准中强制性条款的;

发生过死亡、重伤、重大财产损失的事故,且发生事故危险源依然存在的;

国家关于重大风险、重大危险源判定、评估、认定等的;

企业制定重大风险情形或研判确定的。

(3)确定风险可接受程度

风险可接受程度可以通过风险矩阵进行评估,如图 4.2.2 所示,风险矩阵将可接受程度分为了三个等级:不可接受的(黑色区域)、缓解后可接受的(灰色区域)、可接受的(白色区域)。

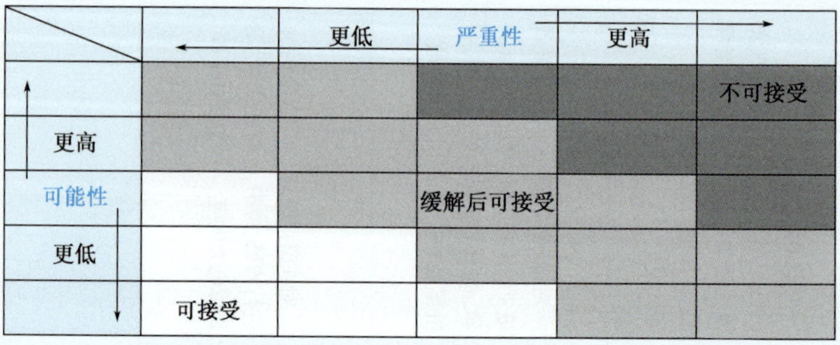

图 4.2.2　风险矩阵

①不可接受的程度。如果可能性和严重性相综合后，风险处于不可接受区域，则该风险是不可接受的，必须进一步采取措施来消除相关危险源，或控制关键因素（可能导致更大可能性或严重性的因素）。对于处于不可接受区域的风险，如有必要，立即停止或减少运行，实施优先的风险缓解措施，使风险指数降至中度或低度的范围。在确保额外的或增强的预防措施已经到位，风险等级降低到缓解后可接受或可接受范围后，方可恢复运行，并对风险继续监控。

②缓解后可接受的程度。如果风险处于缓解后可接受区域，则在相关缓解措施实施后风险是可接受的。对于处于缓解后可接受区域的风险，应安排采取安全评估措施，使风险指数降至低度范围。

③可接受的程度。如果风险处于可接受区域，则可以接受，不需进一步采取行动。需要特别指出的是，风险管理应遵循持续改进的基本原则，其目标应是无论风险是否在可接受范围内，都要将风险尽可能降至最低。

（4）确定风险点风险等级

在辨识评估风险点内一种或多种风险等级后，根据风险矩阵法确定风险等级排序，绘制风险点的风险矩阵，将风险拆分为风险影响程度（后果严重程度）和风险发生概率（可能性）两个维度，以风险影响程度为横坐标，以风险发生概率为纵坐标，对每一个风险点进行评估。

风险影响程度（后果严重程度），表示风险的影响程度，1…5 表示选择相应风险影响等级的样本数，N 是样本总数。风险发生概率（可能性），表示风险发生概率，1…5 表示选择相应风险概率等级的样本数，N 是样本总数。

根据评估的风险等级，将风险点内的风险对照风险影响程度（后果严重程度）、风险发生概率（可能性），在图 4.2.3 中标注风险位置，根据风险点所含风险在矩阵中的位置，能直观地看出各风险点量化评估后的各类风险等级，以最高风险等级作为该风险点的风险等级。

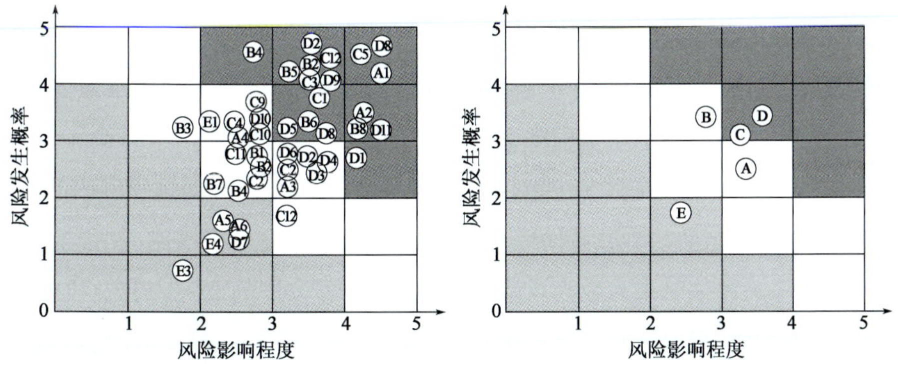

图 4.2.3　风险点风险矩阵图

(5)制定风险管控清单(库)

铁路单位全面辨识评估后,应编制主要负责人、分管负责人和部门、车间的安全风险管控清单(表4.2.10),同时编制重大安全风险清单(表4.2.11),形成本单位统一的风险清单(库)。

安全风险管控清单样表　表4.2.10

序号	风险点	辨识对象(危险源)	检查项目	风险类别	风险描述	风险等级	管控措施	责任岗位

重大安全风险清单样表　表4.2.11

填报单位:　更新时间:

序号	风险名称	风险类别	风险点	风险等级	风险描述及危害程度	管控措施	管控层级	管控责任部门	管控责任岗位及人员	备注

4.3　风险分级管控

铁路单位应根据安全生产法律、法规、标准及规程、安全生产标准化等要求,结合自身生产、管理实际情况,在风险辨识评估的基础上,综合考虑风险管理成本和效益,依据风险的等级、类型等,确定管控专业和层级,逐项制定经济有效的风险管控措施。

4.3.1　风险分级管控基本原则

风险分级管控是指按照风险不同级别、所需管控资源、管控能力、管控措施难易程度等因素确定不同管控层级的风险管控方式。在铁路领域,风险分级管控一般遵循以下原则。

(1)基于风险评估结果

风险分级管控的基础是科学、全面的风险评估。通过详细的识别和分析铁路系统可能存在的设备故障、人员失误、环境影响、管理缺陷等各类风险,运用定性或定量的评估方法,确定风险发生的可能性和后果严重程度,以此作为风险分级的依据。

风险评估结果为重大风险时,应明确不可容许的危险内容及可能触发事故的因素,针对不同危险源,立即采取人防、物防、技防等管控措施和降低风险等级措施,加强监测预警,并制定应急措施。风险评估结果为较大风险时,应明确不可容许的危险内容及可能触发事故的因素,加强监测预警,采取针对性管控措施。风险评估结果为一般风险时,对现有管控措施的充分性进行评估,检查并确认管控程序和措施已经落实,需要时可增加管控措施。风险评估结果为低风险时,维持现有管控措施,对执行情况进行审核。

(2)分层分级

根据铁路管理体系的层级结构,明确不同层级的管理部门或人员对不同等级风险的管控职责,由此形成分层分级的架构基础。铁路单位建立由主要负责人牵头的风险分级管控组织机构,建立能够保障风险分级管控体系全过程有效运行的管理制度。一般来说,重大风险应由铁路单位主要负责人组织高层决策部门统筹管控,制定战略层面的管控措施和应急预案;较大风险可由中级管理部门负责,组织专业团队制定具体的管控方案并监督实施;一般风险和低风险则由基层作业部门或班组进行日常管控,落实具体的防范措施。

(3)动态管理

风险分级管控不是一次性的工作,而是一个动态的过程。铁路系统处于不断变化的环境中,新的技术设备投入使用、运营条件改变、人员变动等因素都可能导致风险状况发生变化。因此,需要持续辨识和评估风险,及时辨识新的危险源,并监测风险变化情况。根据风险的动态变化,实时调整风险等级和管控措施。例如,当铁路线路经过的地区气候条件发生强降雨、持续降雨等异常变化,可能引发山体滑坡等地质灾害风险可能性增加时,应及时对该风险进行重新评估,调整风险等级,加强相应的监测和防范措施。

(4)全员参与

风险分级管控以确保风险管控措施持续有效为工作目标,铁路单位从基层操作人员到高层管理者,全体员工均应参与风险辨识、分析、评估和管控。铁路单位根据风险级别,确定落实管控措施责任的层级,从高层管理者到基层作业人员,都应明确自己在风险管控中的职责和任务,将风险管控责任落实到每个岗位、每个环节。通过开展培训、宣传等活动,提高全体员工的风险意识和风险管控能力,使员工能够在日常工作中自觉遵守规章制度,积极参与风险识别和防控工作。

(5)协调配合

铁路系统是一个复杂的有机整体,各个子系统之间相互关联、相互影响。在进行风险分级管控时,要从系统的角度出发,综合考虑各个环节、各个要素之间的关系,避免只关注局部风险而忽视整体风险。不同部门之间要加强沟通与协作,形成协同工作机制。例如,设备管理部门与运输调度部门要密切配合,共同应对设备故障可能对运输安全造成的风险;安全管理部门要与人力资源部门通力协作,通过合理的人员配置和培训,降低人员因素导致的风险。

(6)成本效益

在制定风险管控措施时,要综合考虑成本与效益的平衡。既要确保风险得到有效控制,又要避免过度投入资源使得成本畸高。对于不同等级的风险,应根据其可能造成的损失和管控难度,合理选择管控措施。按照“全员、全过程、全方位”的原则,明确每一个岗位辨识分析风险、落实风险管控措施的责任,并通过评审、更新,不断完善风险分级管控体系。分析不同风险管控方案成本效益,选择最优方案。例如,在管控铁路桥梁附属设施劣化风险时,可比较采用定期防腐涂层维护和更换高性能防腐材料两种方案的成本和效果,从中选择既能有效降低风险又具有较高经济效益的方案。

4.3.2 风险管控措施类型和特性

管控措施制定应从工程技术、安全管理、人员培训、个体防护和应急处置等方面考虑,按照规避、降低、转移、接受的顺序选择,实现系统风险降到可接受的水平。对呈现规律变化特征或长期存在的风险,应将管控措施固化到安全管理体系中。

(1)风险管控措施类型

风险规避类管控措施指对于发生可能性高且后果极其严重的风险,当其他风险应对措施成本过高或效果不佳时,可考虑风险规避。例如,在铁路线路规划阶段发现某一线路方案穿越地震活动频繁且地质条件复杂的区域,存在极高的地震风险,可能导致铁路设施严重损坏和人员伤亡,就可重新规划线路,规避相关风险。

风险降低类管控措施适用于大多数无法完全规避的风险,重点在于降低风险发生的可能性或减轻风险发生时造成的损失。为降低铁路设备故障风险,可制定加强设备日常巡检和维护保养制度的策略,增加巡检频次,定期对设备进行全面检测和维修,及时更换老化或损坏的部件;为减轻列车火灾事故造成的损失,可在列车上配备先进的消防设备,安装火灾自动报警系统,提高列车的防火性能等。

风险转移类管控措施指当风险难以通过自身力量有效控制或降低成本过高时,可考虑将风险转移给其他方,铁路单位可通过购买财产保险、责任保险等方式,将部分因自然灾害、意外事故等导致的经济损失风险转移给保险公司;在铁路工程建设中,可通过合同条款约定,将一些由于原材料价格波动等市场风险转移给供应商。

风险接受类管控措施指对于发生可能性低、影响程度小的风险,经过综合评估后,认为采取其他应对措施的成本效益比不高,可选择接受风险。制定风险接受策略时,应明确接受的风险范围和程度,同时建立风险监控机制,密切关注风险变化情况。对于一些偶尔出现的轻微信号干扰问题,对铁路运行安全影响较小,可在加强监控的基础上,接受这种风险,但切忌大意,仍需做好记录和分析,一旦风险状况发生变化,能够及时调整应对策略。

(2)风险管控措施特性

针对不同类型、等级的风险,制定专门的管控措施,例如,恶劣天气导致的列车运行风险,暴雨可能引发路基坍塌,应制定加强排水设施检查维护、增加路基加固措施等针对性策略。考虑技术、资源、成本等实际情况,确保应对策略在现实中能够实施。安全管理基础比较薄弱的小微铁路单位,找准关键风险点,合理确定管控层级,完善控制措施,确保辨识出的重大风险得到有效管控。

采用多种措施相结合的方式应对风险,形成全方位的风险防控体系,将风险分级管控体系与铁路现行安全管理体系紧密结合,应在安全生产标准化、职业健康安全管理体系等安全管理体系的基础上,进一步深化风险分级管控,形成一体化的安全管理体系,使风险分级管控贯彻于生产经营活动全过程。

风险的具体状况会随着时间、环境等因素变化而变化,管控措施要根据实际情况及时调整和更新,如随着铁路运行年限的增加、客流量的变化,需对原有的风险管控措施进行重新评估和调整。

铁路单位应研究和制定相应的风险管控标准和措施,防止危险源转变成为隐患。在风险辨识评估后,制定风险管控标准、措施,明确管控程度、条件以及管控方式方法。铁路单位应遵循“分类、分级、分层、分专业、分区域”的方法,按照风险分级管控基本原则和风险根源分类,根据风险评估的结果,从组织、制度、技术、应急等方面对识别的人员、设备、沿线环境、管理等风险进行有效管控。

4.3.3 风险管控措施制定落实——分类管控

(1)人员风险管控措施

定期组织铁路工作人员进行涵盖行车操作、应急处理等方面专业技能培训,确保其熟练掌握业务知识与操作流程。强化安全意识教育,通过安全讲座、观看事故警示片等方式,提高员工对安全重要性的认识。对应聘者的专业背景、工作经验、身体状况等进行严格筛选,确保其具备胜任铁路工作的基本条件。建立完善的绩效考核制度,将安全工作表现纳入考核指标,采取警告、罚款、降职等措施,处置工作中出现失误或违反安全规定的人员,同时给予表现优秀者奖金、晋升机会等奖励。按照作业流程,将行车作业、施工维修作业、旅客服务作业等分类管理。在行车作业中,规范列车调度指挥流程,严格执行调度命令复诵制度,避免工作失误。对于施工维修作业,实施作业审批制度,作业前进行全面的安全交底,明确作业范围、安全注意事项以及应急预案。施工过程中,安排专人进行现场安全监护,盯控作业质量和安全防护措施落实,确保施工安全。

(2)设备风险管控措施

依据机车车辆、通信信号、供电系统、钢轨、道岔等设备类型,分别制定专属的风险管控措施。制定详细的设备维护计划,明确各类设备的维护周期与维护内容。运用先进的检测技术与设备,实时监测设备运行状态,分析运行数据,及时发现潜在故障隐患,如采用红外线轴温探测系统监测车辆轴温,通过大数据分析技术预测设备故障。定期评估设备的使用状况与技术性能,更新换代老化、落后的设备。根据铁路发展规划,有计划地引入新型、高效、安全的设备,提升铁路运输的整体安全性与可靠性。针对通信信号设备,建立信号设备冗余备份机制,防止因单一设备故障导致信号中断。加强通信网络的安全防护,抵御网络攻击,保障信息传输的准确性与及时性。

(3)沿线环境风险管控措施

建立自然灾害及异物侵限监测预警系统,与气象、地质等部门保持密切联系,及时获取恶劣天气、地质灾害等预警信息,提前预测暴雨、暴雪、地震等灾害,为铁路单位采取应对措施争取时间。针对不同自然灾害,制定相应的应急预案与防范措施,例如,在易发生泥石流、滑坡的路段,设置防护网、挡土墙、排水设施等防护设施;在暴雨天气,加强对铁路沿线的巡查,及时清理排水系统。针对沿线环境风险,加强铁路沿线环境监管,清理铁路两侧的易燃易爆物品与障碍物,确保铁路运行环境安全。与铁路沿线企业、居民等建立良好沟通机制,加强与铁路沿线企业、居民的沟通协调,开展铁路安全知识宣传教育活动,提高周边人员的安全意识,减少人为破坏铁路设施、侵入铁路限界等行为,减少因人为因素对铁路运行造成的干扰。在有限空间作业时,加强作业环境的有毒有害气体检测监测,督促作业人员正确佩戴防护用品,确保作业安全。

(4)管理风险管控措施

建立健全铁路安全管理制度体系,制定详细的管理办法、实施细则、行车组织规则、设备管理制度、应急预案等安全管理制度,明确各部门、各岗位的职责与工作流程,确保安全管理工作有章可循。定期评估修订管理制度,根据铁路运输发展的新情况、新问题、新技术、新设备,及时完善制度内容,提高制度的科学性与有效性。成立专门的安全监督检查小组,定期检查铁路运输生产工作环节,明确不同管理层级的检查频率,适时开展专项检查。对检查中发现的隐患与问题,明确整改责任人与整改期限,跟踪整改落实情况,严肃问责整改不力的部门与个人,确保问题得到及时有效解决。

4.3.4 风险管控措施制定落实——分级管控

铁路单位应当根据本单位风险类型和等级合理确定管控层级和专业,将风险管控责任纳入全员安全生产责任制,逐一分解落实风险管控责任。

风险分级管控必须坚持上级负责管控的风险,在下级所属的职责范围内,下级必须同时负责管控,确保所有风险在各层级受控。以铁路单位站段级机构设置为例,将铁路单位划分为主要负责人、分管负责人、部门、车间、班组等层级,风险分级管控示意参见图4.3.1。

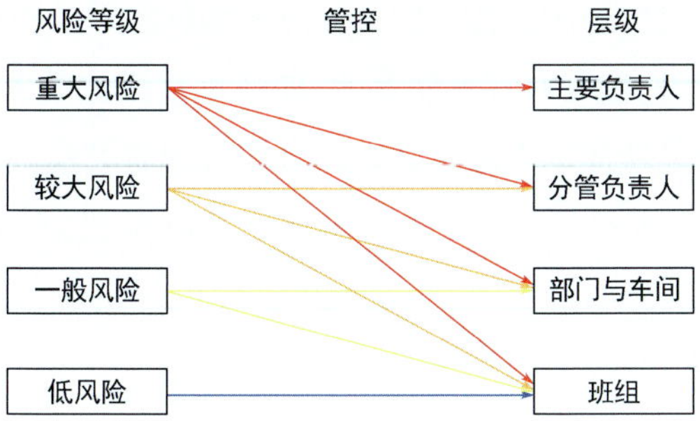

图 4.3.1　风险分级管控示意图

重大风险应由主要负责人组织制定管控措施，涉及多家铁路单位的重大风险应当由其共同的上一级单位、企业统筹制定，铁路建设工程由工程建设单位统筹制定。较大以下等级风险由铁路单位负责人或其派出机构负责人、安全生产管理人员组织制定管控措施。

4.3.5　风险管控措施制定落实——分层管控

针对铁路单位机构设置特点，结合铁路单位站段级别机构设置，以下详细介绍基于站段级单位机构管理层级的风险管控。

(1)站段领导班子层级

负责制定站段整体风险管控战略与目标，结合铁路行业发展趋势、上级管理要求以及本站段实际运营情况，确定长期和短期的风险管控方向。例如，明确在未来一年内将设备故障率降低一定比例以及将旅客安全事故发生率控制在极低水平的具体目标。统筹调配站段内的人力、物力和财力资源，保障风险管控工作的顺利开展。审批重大风险管控项目的资金预算，如投入资金用于关键设备的升级改造或购置先进的安全检测设备。建立健全站段风险管控的规章制度和流程体系，确保各项风险管控措施有章可循。组织制定涵盖设备管理、人员操作、应急处置等方面的全面风险管理制度。定期评估站段风险管控工作，根据风险变化情况及时调整管控策略。召开风险管控专题会议，听取各部门风险管控工作汇报，分析重大风险事件。

关注国家铁路政策法规的调整、行业技术变革以及市场竞争态势对本站段运营的潜在影响，新的法律法规出台可能对站段的安全管理提出更高要求；技术的快速发展可能影响本站段既有线路的客流量和运营模式。辨识可能引发严重安全事故、造成重大人员伤亡和财产损失的风险，组织制定重大风险管控措施、落实管控方案。评估站段在发展规划实施过程中面临的风险。

根据风险评估结果，适时调整站段发展战略和运营计划，若发现某一业务领域面临较大市场风险，可考虑收缩业务规模或调整业务方向；针对新技术变革带来机遇与挑战，及时制定技术引进和升级计划。合理分配资源,优先保障关键风险管控项目。例如,在设备维护资金分配上,向关键设备倾斜;在人力资源配置上,加强重点岗位的人员配备。与上级铁路管理部门、其他站段以及相关外部机构建立良好的合作与沟通关系。积极参与行业交流活动,学习借鉴先进的风险管控经验;与周边站段建立应急联动机制,共同应对跨领域的风险事件。

(2)部门与车间层级

细化落实站段风险管控战略和目标,制定风险管控实施计划,明确各项风险管控措施的执行步骤、时间节点和责任人。组织开展业务范围内的风险辨识、评估、监测、管控工作。定期开展设备运行状况、人员操作行为、作业环境、管理制度等风险排查,及时发现前期未发现和新出现的危险源,量化评估风险等级。执行站段制定的风险管控规章制度和流程,结合业务范围实际情况,制定具体的操作细则和工作标准。监督检查风险管控措施的执行情况,及时发现和纠正执行过程中的问题。定期检查和考核工作质量,确保风险管控措施得到有效落实。

各部门和车间梳理作业流程,识别流程不合理、操作不规范、职责不明确等,设备管理部门和维修车间,重点识别设备老化、故障频发、维护不到位等,注意识别管理人员、作业人员的技能水平、工作态度、疲劳作业等。例如,新员工业务技能不熟练可能在操作设备时出现失误;员工长期加班导致疲劳,影响工作效率甚至安全。

安全管理部门制定年度安全风险管控计划,定期开展安全培训,组织安全检查,完善应急预案等具体任务。设备管理部门、车间加强设备的日常维护保养,建立设备维护档案,及时掌握设备运行状态。根据设备老化情况和技术发展需求,制定设备更新计划,确保设备性能满足运营要求。梳理和优化作业流程,简化繁琐环节,明确各岗位的职责和操作标准。通过流程再造,提高工作效率,降低风险发生概率,例如,优化售票作业流程,减少旅客排队等待时间,提高售票准确性。加强员工培训,提高员工业务技能和安全意识。定期组织岗位技能培训、安全知识培训和应急演练,提升员工应对风险的能力。建立合理的激励机制,给予风险管控工作中表现突出的员工奖励,激发员工的积极性和主动性。

(3)班组层级

负责落实上级制定的风险管控措施,按照操作规范和工作标准开展日常工作。严格执行设备操作规程、作业流程和安全规定。及时发现并报告设备故障、安全隐患以及人员违规操作等。参与风险辨识和评估工作,结合工作实际,提出风险管控的合理化建议。开展安全培训和教育活动,提高成员的风险意识和自我保护能力。传达安全知识和风险管控要求,分享工作中的安全经验和教训。

关注本岗位具体操作过程中可能出现的错误操作设备、违反劳动纪律等,例如,机车驾驶人员在行车过程中未按信号显示操作设备,可能导致行车事故。辨识工作现场设备周围的杂物堆积、照明不足、地面湿滑等,环境因素可能影响员工的操作安全,增加事故发生的可能性。在日常作业过程中,重点辨识岗位操作实时异常风险、现场环境突发异常风险、执行临时任务风险、设备的实时异常风险,例如,设备运行声音异常、振动加剧、温度过高、列车反方向运行、列车晚点等非正常情况风险。关注工作现场环境的突发变化,例如,暴雨、大风、暴雪等对现场作业的影响;现场周边出现的突发安全事件,例如,火灾、爆炸等可能危及铁路行车和人员安全。对于临时安排的任务,评估在执行过程中可能出现的异常,例如,临时抢修任务中,因工具不足、材料短缺或现场情况复杂等原因导致抢修进度受阻,灾害处置过程中发生次数灾害,临时改变作业位置、内容等。

严格执行设备操作规程、作业流程、应急处置流程,杜绝违规作业。工班长加强操作行为的监督,发现违规及时纠正。一旦发现设备异常影响安全的,立即停止操作,按照规定的程序报告上级。保持工作现场整洁有序,及时清理设备周围的杂物,确保照明充足、通道畅通。在高等级风险的区域设置明显的警示标识,采取有效的防护措施。建立畅通的风险报告渠道,班组成员发现风险隐患后,能够及时向上级报告。加强班组成员之间的沟通协作,共同应对工作中的风险。例如,在进行设备检修作业时,各岗位人员密切配合,及时交流设备状况和安全注意事项。制定现场突发异常的应急处置措施,定期组织应急演练,熟悉应急救援流程和设备使用方法,能够在第一时间采取有效的应对措施,提高突发事件中应急处置能力。在接到临时任务后,工班长组织对任务进行风险预评估,制定相应的管控和应对措施。在任务执行过程中,及时关注现场情况,发现异常及时调整措施。

4.3.6 风险管控措施制定落实——分专业管控

铁路单位按照车务、机务、工务、电务、车辆、供电等专业,针对风险辨识评估结果,制定风险管控措施,各专业风险管控措施参考如下。

(1)车务专业风险管控

优化列车调度指挥,加强列车调度员的培训管理,提高调度员的业务水平和应急处理能力。建立完善的列车调度指挥系统,利用先进的信息技术,实时掌握列车运行位置、状态等信息,为调度员提供准确的决策依据。制定严格的调度命令下达和执行制度,规范调度员的操作流程,确保调度命令准确、及时传达。加强调度员与机车驾驶人员、车站值班员之间的通信管理,采用可靠的通信设备,确保通信畅通。建立列车运行冲突预警机制和系统,通过分析列车运行数据,提前预测列车运行冲突风险,及时采取防范措施。

规范车站作业组织,制定详细的车站作业标准和流程,加强车站值班员、调车人员等作业人员培训和考核,确保作业人员严格按照标准和流程作业。在接发列车作业过程中,采用先进的联锁设备和监控系统，防止发生误办进路、错办信号等。在调车作业中，加强调车作业计划的编制和执行管理，严格执行设置防护信号、确认车辆连挂状态等调车作业规定。加强车站客运组织工作，合理安排客运人员，维护旅客乘降秩序，制定列车晚点等应急预案，及时疏导旅客，确保旅客安全。

加强施工组织管理，建立健全施工组织管理制度，明确施工、设备管理、车务等相关单位部门职责和权限。在施工前，组织相关单位进行现场勘查，制定施工方案和安全措施，确保施工方案合理、可行。建立施工与行车协调机制，及时解决施工与行车之间的矛盾，确保施工期间铁路运输安全。

(2)机务专业风险管控

加强机车检修，建立完善的机车检修制度，严格按照规定的周期和标准开展机车检修。加强牵引系统、制动系统、电气系统等关键部件检测和维护，采用振动分析、红外测温等先进检测技术，及时发现部件潜在故障隐患。定期开展机车性能全面测试，确保机车各项性能指标符合要求。建立机车故障数据库，对机车故障进行统计分析，总结故障规律，为优化检修计划提供依据。

强化机车驾驶人员培训与管理，定期组织机车操作规范、信号识别、应急处理等业务知识培训，提高机车驾驶人员业务技能和安全意识。开展安全警示教育活动，通过分析事故案例，让机车驾驶人员深刻认识操作失误的严重后果。建立机车驾驶人员疲劳监测系统，合理安排休息时间，及时发现机车驾驶人员疲劳情况，避免疲劳驾驶。加强机车驾驶人员日常管理，建立严格考核制度，监督考核操作行为，严肃处理违规操作。

完善恶劣天气应对措施，与气象部门建立密切的合作关系，及时获取准确气象预报信息。针对不同恶劣天气，制定应急预案和应对措施。在暴雨天气来临前，检查机车的排水系统，确保排水畅通；在暴雪天气，提前准备好除雪设备和工具，防护机车关键部位，防止积雪影响设备正常运行。制定恶劣天气下的行车限速规定，根据天气情况合理调整列车运行速度，确保行车安全。加强恶劣天气操作指导，提高应对恶劣天气能力。

(3)工务专业风险管控

强化线路巡检与监测，科学设定线路巡检频次，充分利用轨道检查车、探伤仪等先进专业设备，全面、细致的检测线路状态。轨道检查车定期开展线路几何尺寸测量，及时发现线路高低、轨向、轨距等不平顺问题。探伤仪、探伤车定期开展钢轨探伤，及时发现钢轨内部缺陷。运用先进的轨道状态监测系统，实时采集道床、轨枕、钢轨等部位结构部件的受力、变形等数据，运用大数据分析技术，深度挖掘和分析数据，提前精准预警线路结构异常风险。

整治与防护路基病害，一旦发现路基病害，立即组织专业技术人员制定科学、合理的整治方案，并迅速实施。对于路基沉降区域，采用注浆加固、换填等方法进行处理，提高路基的承载能力。对于易发滑坡地段,及时设置抗滑桩、挡土墙等防护设施,加强周边地质环境监测,及时清理危石,疏通排水系统,防止因降雨等因素引发路基病害的发生和发展。定期开展路基全面检查和评估,建立路基病害档案,跟踪病害整治效果,为后续维护提供依据。

维护与加固桥梁隧道,制定详细的桥梁隧道维护计划,定期开展桥梁隧道全面检查和评估。运用无损检测技术,检测桥梁结构和隧道衬砌,及时发现隐患。根据检查结果,制定针对性的维护和加固计划,定期保养和及时更换桥梁支座,采用先进的修补材料和工艺,修补和加固桥梁结构裂缝,确保修补效果。采用堵、排相结合的方法,治理隧道衬砌渗漏水,有效解决渗漏水问题,修复损坏衬砌,提高隧道结构强度和防水性能。建立桥梁隧道健康监测系统,实时监测桥梁隧道的结构状态,及时发现异常情况并采取相应措施,确保桥梁隧道的安全运行。

加强营业线施工管理,严格按照相关规定设置施工安全防护,加强施工人员的安全教育培训,确保施工人员正确佩戴和使用安全防护用品。在施工期间,配备专业防护人员,负责通报、瞭望列车运行情况,及时发出预警信号。建立施工质量管理制度,全程监督和管理施工工艺、施工材料等。施工前,检验施工材料,确保质量符合标准。施工过程中,要求施工人员严格按照施工工艺规范进行操作,技术人员加强现场指导和质量检查。施工完成后,组织专业人员验收施工质量,验收合格后方可开通线路。

(4)电务专业风险管控

严格设备维护与检修,依据设备维护周期和标准,制定详细的设备维护计划,维护和检修信号设备。定期开展信号机清洁、灯泡更换,确保信号显示清晰、准确。开展转辙机注油、调试,保证其动作灵活、可靠。开展轨道电路参数测试和调整,确保其工作正常。建立设备维护档案,详细记录设备维护和故障处理情况,为设备状态评估提供全面、准确的数据支持。

优化故障监测与预警,进一步完善信号设备故障监测系统,增加监测指标,提高监测精度。利用智能传感器采集设备的电流、电压、温度、信号强度等参数,通过数据分析算法,实时判断设备是否存在故障隐患。当设备出现异常时,及时发出预警信息,通知维修人员进行处理。建立信号系统软件漏洞管理机制,定期开展软件安全评估和漏洞修复,及时更新软件版本,确保软件运行稳定、安全。加强网络安全防护,采用防火墙、入侵检测系统等技术,防止网络攻击和病毒感染。

加强应急抢修能力建设,组建专业、高效的电务应急抢修队伍,配备先进的便携式测试仪、应急通信设备等抢修设备和工具,制定详细、科学的应急预案,明确故障发生后的响应流程、抢修步骤和人员分工。定期组织应急演练,模拟不同类型的设备故障场景,提高抢修队伍的应急响应速度、协同作战能力和实际操作技能。建立应急物资储备库,储备充足的备品备件、维修材料等,确保在最短时间内恢复设备正常运行。

(5)车辆专业风险管控

加强车辆检修与维护,建立严格的车辆检修制度,按照检修规程定期检修和维护。在车辆检修过程中,采用无损探伤、激光测量等先进的检测技术和设备,全面检测车辆结构、转向架、制动系统、电气系统等关键部件。加强车辆检修质量控制,建立质量追溯体系,确保每个检修环节符合标准要求。定期测试制动性能、电气性能等车辆系统性能,确保车辆各项性能指标良好。

完善车辆故障监测与预警系统,安装车辆故障监测装置,实时监测轮对温度、振动、制动系统压力、闸片磨损等车辆关键部件运行状态。利用大数据分析技术,实时分析监测数据,提前预测车辆故障。当车辆出现异常情况时,及时发出预警信息,通知维修人员进行处理。建立车辆故障应急处理机制,制定应急预案,明确故障发生后的处理流程和措施,确保在最短时间内恢复车辆正常运行。

强化车辆消防安全管理,加强车辆电气系统消防安全管理,定期检查维护电气线路,防止因电气线路老化、短路等引发火灾。在车辆上配备灭火器、火灾报警器等消防设备,定期检查维护,确保消防设备性能良好。加强车辆乘务人员消防安全培训,提高乘务人员消防安全意识和应急处置能力。制定车辆火灾应急预案,定期组织应急演练,确保在发生火灾时能够迅速、有效地进行灭火和疏散旅客。

(6)供电专业风险管控

设备巡检与维护方面,制定详细的设备巡检计划,增加巡检频次。对于牵引变电所设备,利用红外测温仪检测设备温度,及时发现过热隐患;通过超声波检测仪检查设备内部放电情况。对于接触网,采用步行巡视、登乘机车巡视和视频监控相结合的方式,及时发现导线断股、零部件松动等隐患。建立设备维护档案,记录设备维护情况和故障处理记录,为设备状态评估提供依据。

电压监测与调整方面,安装高精度电压监测装置,实时监测供电系统电压。当电压出现异常波动时,自动启动电压调节装置,确保电压稳定在正常范围内。建立电压异常预警机制,当电压超出预设阈值时,及时向相关人员发送预警信息,以便迅速采取措施。

沿线环境整治与防护方面,加强与气象部门合作,提前获取恶劣天气预警信息。在恶劣天气来临前,加固接触网支柱基础、清理绝缘子等供电设备设施。定期修剪铁路沿线树木,保持树木与接触网的安全距离。与沿线施工单位建立沟通协调机制,提前告知施工安全注意事项,要求其做好施工防护,防止施工对供电设施造成破坏。

4.3.7 风险管控措施制定落实——分区域管控

铁路分区域制定风险管控措施,需要根据不同区域的特点和辨识的风险来进行,一般可将铁路分为线路区间、站场区域以及各专业工作区域等，铁路单位结合辖区进行细化制定，铁路分区域制定管控措施参考如下。

(1)线路区间风险管控

针对高路堤、深路堑地段，加强边坡稳定性的监测，定期检查边坡的位移、沉降情况，设置观测桩和监测设备。在雨季等特殊时期增加巡查频次，及时加固处理存在滑坡、坍塌等风险地段。

针对桥梁地段，定期检测桥梁的梁体、桥墩、桥台等桥梁结构，检查是否存在裂缝、变形、沉降、偏移等隐患。加强桥下空间的管理，禁止在桥下堆放易燃易爆等物品，防止火灾爆炸对桥梁结构造成影响。在汛期加强跨越河流桥梁监测，提前做好防洪准备。

针对隧道地段，加强隧道内的通风和照明设施维护，确保通风良好和光线充足。定期检查隧道衬砌结构，及时发现并处理衬砌裂缝、渗漏水等隐患。在隧道口布设视频监控报警设备，及时预警隧道口侵限隐患。对于长隧道和高等级风险隧道，制定专项应急预案，配备应急救援设备。

针对山区线路，建立地质灾害监测系统，安装位移传感器、雨量监测仪、地声监测仪等设备，及时获取灾害相关数据。对容易发生地质灾害的地段，采取工程防护措施。与气象部门密切合作，实时获取山区气象信息，特别是暴雨、大风、暴雪、浓雾等恶劣天气的预报预警。制定线路设备巡检制度，定期组织专业人员检查线路、桥梁、隧道、信号、供电等设备。运用先进的监测技术和设备，实时监测铁路设备状态和故障诊断。

(2)站场区域风险管控

针对旅客候车区域，加强候车大厅内的座椅、电梯、自动扶梯等设施设备检查，确保安全运行。合理规划候车区域，避免人员拥挤和混乱。在候车大厅设置明显的安全警示标志，提醒旅客注意安全。加强旅客携带物品的检查，防止易燃易爆等危险物品进入候车区域。

针对站台区域，在站台边缘设置安全线、防护栏等安全防护设施，确保状态良好。加强站台面的检查，及时修复破损站台面。在列车进站和出站时，安排专人在站台进行安全疏导，提醒旅客注意安全距离。

针对道岔区域，加强道岔设备检修，定期检查道岔的转辙机、尖轨、基本轨等部件，确保道岔转换灵活、密贴良好。在道岔区域设置防护装置，防止异物进入道岔影响其正常工作。

针对信号设备区域，定期检查和维护信号机、信号电缆等设备，确保信号显示准确、清晰。加强信号设备机房的管理，做好防火、防潮、防盗等工作。建立信号设备故障应急预案，一旦发生故障及时进行处理，确保行车安全。

(3)车务专业单位区域风险管控

①车站行车室区域

在行车指挥作业方面，制定详细且严格的行车指挥作业流程，明确接发列车、调车作业等各项操作的具体步骤、联控用语以及时间节点。行车人员必须严格按照流程作业，每一个操作步骤都要有相应的记录，确保作业过程可追溯。认真核对每日的列车运行计划，包括车次、到发时间、股道安排等信息。在计划执行过程中，遇列车晚点、变更进路等情况，及时与调度员及相关部门沟通协调，重新调整计划并准确传达给作业人员。建立行车计划变更的复核制度，防止因信息传达错误导致行车事故。行车室工作人员要熟练掌握联锁设备、调度集中系统、列车无线调度通信设备等各类行车设备的操作方法。利用设备的自检功能和监控系统，实时监测设备状态，一旦发现设备故障或异常，立即通知维修人员进行处理，并采取相应的应急措施，保障行车安全。

在应急处置管理方面，针对可能出现的行车事故、设备故障、恶劣天气等突发事件，制定完善的应急预案，内容应包括应急处置流程、各岗位人员职责、应急联络方式等。定期组织行车室人员进行应急预案培训和演练，使其熟悉应急处置程序，掌握应急操作技能，提高应急反应能力。配备应急照明设备、手摇道岔工具、短路铜线、信号旗（灯）等应急设备和物资，定期检查维护，确保设备和物资处于良好状态。建立应急设备和物资的管理制度，明确保管责任人和使用流程，保证在应急情况下能够迅速取用。发生突发事件时，行车室人员按照规定的程序及时向上级部门和相关单位报告事故发生的时间、地点、经过、影响范围等事故信息。加强与车站其他岗位、相邻车站以及调度员之间的信息沟通，及时传递应急处置进展情况，协同做好应急救援工作。

在人员安全管理方面，定期组织行车室人员进行安全规章制度、操作规程、事故案例分析等安全教育培训，提高人员的安全意识和业务水平。新入职人员必须经过严格的岗前安全培训，考核合格后方可上岗作业。加强行车室人员劳动纪律监督检查，严禁当班期间脱岗、离岗、睡岗、玩手机等违规行为。建立健全劳动纪律考核制度，严肃处理违反劳动纪律的人员，确保行车作业的连续性和严肃性。改善行车室的工作环境，合理布置设备和工作区域，保证通风、照明良好。为行车人员配备必要的隔音耳塞、防静电工作服等劳动保护用品，减少工作环境对人员的危害。

②客运区域风险管控

针对旅客乘降组织，可在车站入口、候车室、检票口、站台等关键位置设置客流监测设备，实时掌握旅客流量和分布情况。根据客流变化和需求预测，合理调整客运组织方案，增加检票口、引导人员等，确保旅客有序流动，避免出现拥挤、踩踏等事故。在客流高峰期，提前制定应急预案，采取限流、分时段候车等措施，保障旅客安全。定期检查站台安全门（或防护栏）、楼梯、电梯、通道等乘降安全设施的状态，确保设施完好、运行正常。测试安全门开关、防夹功能，检查和维护楼梯、电梯的扶手、踏板等部位，及时修复损坏设施。在设施周围设置明显的安全警示标识，提醒旅客注意安全。加强旅客引导和服务工作，在候车室、站台等区域安排足够的工作人员，为旅客提供咨询、引导等服务。通过广播、电子显示屏等方式及时发布列车信息、安全提示等内容，引导旅客正确乘车。对于老、弱、病、残、孕等重点旅客，给予特殊照顾，确保其安全顺利乘车。

针对客运设备设施管理，制定客运设备设施的巡检计划，定期检查和维护候车室的座椅、空调、照明设备、卫生间设施以及售票系统、检票系统等设备。及时发现并处理设备故障，确保设备正常运行，为旅客提供良好的候车和乘车环境。建立设备维护档案，记录设备的维修情况和保养周期，便于设备的管理和维护。对客运设备设施的操作人员开展培训，使其熟悉设备的操作方法和注意事项，严格按照操作规程进行操作，防止因操作不当导致设备损坏或发生安全事故。配备必要的灭火器、应急照明设备等设备设施，定期检查，确保在紧急情况下能够正常使用。设置应急设备的位置和使用方法标识，方便旅客和工作人员在紧急情况下快速取用。

针对消防安全管理，应按照消防法规的要求，在客运区域合理配备消火栓、灭火器、火灾自动报警系统、自动喷水灭火系统等消防设施，定期进行检查和维护，确保消防设施完好有效，做好消防设施的检查记录，发现隐患及时整改。加强客运区域内易燃易爆物品管理，严禁旅客携带易燃易爆物品进站上车。在车站入口设置安检设备，严格检查旅客及其携带的行李。检查候车室、售票厅等区域的装饰材料、座椅等物品的阻燃性，确保符合消防安全要求。定期组织客运工作人员进行消防安全培训，学习消防知识和灭火技能，提高消防安全意识。定期开展消防演练，模拟火灾场景，检验和提高工作人员的应急处置能力和旅客的疏散逃生能力。在演练过程中，要注重总结经验教训，不断完善消防应急预案。

③货运区域风险管控

针对货物装卸作业，制定详细的货物装卸作业流程，明确装卸设备的操作方法、货物的装卸顺序、堆码要求等。装卸作业人员必须严格按照流程进行作业，确保装卸作业安全、高效。在装卸危险货物时，严格执行危险货物装卸的相关规定，采取必要的安全防护措施。定期开展装卸设备检查维护，确保设备性能良好、运行安全。检查和测试起重机的限位器、叉车的制动系统等设备的安全保护装置，确保保护装置有效。为装卸设备操作人员提供必要的培训，使其熟悉设备的操作方法和安全注意事项，严禁无证上岗和违规操作。按照货物的性质、重量、形状等因素，合理选择货物的堆码方式，确保货物堆码稳固、不倒塌、不滑落。对需要加固的货物，采用合适的加固材料和方法进行加固，防止在运输过程中货物发生位移、坠落等风险。在货物堆码和加固过程中，要做好质量检查，确保符合相关标准和要求。

针对货运安全检查，在货物受理环节，认真检查货物的包装、标记、重量等信息，确保货物符合运输要求。严格审查危险物品运输资质和相关手续,严禁违规承运危险物品。对不符合要求的货物,及时通知托运人进行整改。建立在途货物检查制度,定期检查运输途中的货物,查看货物装载状态、加固情况等。发现问题及时处理,确保货物在运输过程中的安全。定期检查和维护货运仓库、货场的照明设备、通风设备、消防设备等,确保设备正常运行,为货物的存储和运输提供良好的条件。做好货运设备检查记录,及时发现和排除隐患。

针对货运安全应急管理,应针对可能出现的货物泄漏、火灾、爆炸等货运安全事故,制定完善的应急预案,包括应急处置流程、各部门和人员的职责分工、应急救援措施等内容。修订和完善应急预案,确保科学性和实用性。定期组织货运工作人员进行应急演练,模拟不同类型的货运安全事故场景,检验和提高应急处置能力。通过演练,使工作人员熟悉应急处置流程,掌握应急救援技能,提高协同配合能力。总结评估和改进演练过程中发现的问题,不断完善应急预案。建立应急物资储备库,储备消防器材、防护用品、堵漏工具、急救药品等应急物资。定期检查和维护应急物资,确保物资处于良好状态,随时能够投入使用。建立应急物资管理制度,明确物资的保管责任人和使用流程,保证应急物资的合理使用。

④调车场区域风险管控

针对调车作业,根据车站的运输任务和设备条件,合理编制调车作业的车次、股道、作业方法、时间要求等调车作业计划。调车作业人员要认真核对调车作业计划,严格按照计划进行作业,不得擅自变更计划。在作业过程中,如遇特殊情况需要变更计划,必须重新编制计划并传达给相关人员。定期维护和检查调车机车、轨道电路、信号设备、道岔等调车设备,确保设备性能良好、运行可靠。检查和保养调车机车的制动系统、牵引系统、照明系统等,测试和调整轨道电路和信号设备,检查和维修道岔的转换装置、密贴情况,及时发现并处理设备故障,为调车作业提供安全保障。在调车作业过程中,严格落实调车作业防护措施,调车作业人员要正确佩戴安全帽、防护手套、防护鞋等防护用品。在调车作业区域设置明显的警示标志,防止无关人员进入。调车作业时要严格执行调车工作制度,加强与其他作业人员之间的联系和沟通,确保调车作业安全。

针对车辆防溜管理,制定完善的车辆防溜措施,对停留在线路上的车辆,必须按照规定采取设置铁鞋、止轮器、使用车辆自身制动装置等有效的防溜措施。防溜措施的设置和撤除要严格按照规定的程序进行,做好记录,并由专人负责检查。在大风、暴雨等恶劣天气条件下,要加强车辆防溜情况的检查,增加防溜措施。定期检查和维护防溜设备,确保设备完好、性能可靠。检查铁鞋、止轮器等防溜设备的数量、质量,及时补充和更换损坏设备。建立防溜设备管理制度,明确设备的保管责任人和使用流程,保证防溜设备的正确使用。加强调车作业人员和其他相关人员防溜作业培训,使其熟悉防溜措施的要求和操作方法,提高防溜意识。加强防溜作业的监督检查,严肃处理违反防溜规定行为,防止发生车辆溜逸事故。

针对调车场安全环境管理,加强调车场道岔区域的管理,保持道岔区域的清洁卫生,及时清理道岔内的杂物、积雪、积水等,防止其影响道岔的正常转换。保证调车场的照明设施良好,为调车作业提供充足的光线。定期检查和维护照明设备,及时更换损坏的灯具。加强调车场通信设施管理,确保通信畅通,调车作业人员之间能够及时、准确地进行通信联络。定期测试和维护通信设备,保证设备的性能稳定。

(4)机务专业单位区域风险管控

①机车检修库区域风险管控

针对检修设备管理,制定全面的检修设备维护计划,详细规定机车解体组装设备、电气试验设备、探伤设备等各类检修设备维护周期与内容。定期检查设备机械传动部件磨损情况,及时更换磨损严重的零件;清洁电气系统、紧固接线端子,确保电气连接稳定;检查液压系统的油质、油量,防止泄漏,保证设备性能稳定可靠。在检修设备上安装起重设备超载限制器、行程限位器,旋转设备的防护栏、防护罩等安全防护装置,定期检测与维护,确保防护装置有效运行。为操作人员配备符合标准的个人防护用品,并加强设备安全操作规程培训,提高操作人员的安全意识,杜绝违规操作行为。引入设备状态监测系统,实时采集电机的电流、电压、温度,设备的振动、噪声等关键运行参数,通过数据分析与处理,建立设备故障预测模型,提前预判设备潜在故障风险。一旦参数出现异常,系统立即发出警报,维修人员及时检修,避免因设备突发故障影响机车检修进度。

针对机车检修作业,制定严格且细致的机车检修工艺流程,明确各检修工序的操作步骤、技术标准、质量要求以及检验方法。检修人员必须严格按照流程进行作业,严禁随意简化或省略工序。制定机车柴油机、牵引电机、制动系统等关键部件专项检修方案,确保机车整体技术状态良好。构建完善的机车检修质量控制体系。返工处理检修质量不合格的机车,直至达到规定的质量标准。保持检修库内的清洁卫生,定期清理地面油污、杂物以及金属碎屑等,防止人员滑倒摔伤,同时避免杂物对设备与机车造成损害。合理规划检修库内的作业区域,划分出不同车型的检修区、部件存放区、工具存放区等,设置清晰明确的标识和宽敞的通道,确保机车、设备以及人员在库内的通行顺畅,避免相互干扰。加强通风系统的维护与管理,及时排出检修过程中产生的有害气体、粉尘等污染物,为检修人员创造良好的工作环境。

针对消防安全,在机车检修库内合理配备干粉灭火器、二氧化碳灭火器、消火栓等各类消防器材,按照规定的数量与位置进行配备。定期检查、维护与保养消防器材,确保其性能完好、随时可用。安装火灾自动报警系统、自动喷水灭火系统等消防设施,定期进行检测与调试,保证在火灾发生时能够及时准确地报警,并迅速启动灭火措施。对检修库内使用的燃油、润滑油、清洗剂、油漆等易燃易爆物品,实行专人负责、专柜存放的管理模式。严格控制易燃易爆物品的使用量与存放量，建立详细的出入库登记台账。在使用易燃易爆物品时，必须严格遵守操作规程，采取远离明火、配备灭火器材等有效的防火措施，防止火灾事故的发生。定期组织检修库内的工作人员参加消防安全培训，邀请专业消防人员进行授课，学习消防法规、火灾预防知识、灭火技能以及火灾逃生方法等内容，提高员工的消防安全意识与应急处置能力。定期开展消防演练，模拟不同类型的火灾场景，检验和提升员工在火灾发生时的应急响应速度、协同配合能力以及灭火操作技能，确保在火灾发生时能够迅速、有效地进行灭火与疏散，最大限度减少人员伤亡和财产损失。

②机车整备场区域风险管控

针对机车整备作业，制定科学合理的机车整备作业流程，明确机车入库、清洗、检查、保养、补给等各个环节的工作内容、操作标准以及时间要求。优化流程，提高整备作业效率，确保能够按时、高质量地完成整备任务，顺利投入运营。在整备过程中，注重各个环节之间的衔接与协调，避免出现作业冲突或延误现象。建立严格的机车外观、走行部、制动系统、电气系统、燃油系统等机车整备质量检查制度。检查人员认真填写检查记录，详细检查并记录发现的问题与处理情况。定期组织机车整备作业人员业务培训，学习机车构造、原理、检修知识以及整备作业标准等内容，不断提高作业人员的业务技能水平。加强职业道德教育，培养作业人员的责任心与质量意识，使其能够严格按照操作规程进行作业，确保整备作业质量。

针对调车作业，制定详细的调车作业操作规程，明确调车作业的信号显示、作业方法、速度限制、调车路径等要求。调车作业人员必须严格按照操作规程进行作业，严禁超速、抢道、违规连挂等行为。在调车作业前，认真检查调车机车、轨道电路、信号设备等调车设备以及机车状态，确保调车作业安全。定期维护保养调车设备，确保设备性能良好。检查调车机车的制动系统、牵引系统、照明系统等关键部件，及时发现并处理设备故障。检测调试轨道电路、信号设备，保证信号显示准确、可靠，为调车作业提供安全保障。建立调车设备故障应急预案，一旦设备出现故障，能够迅速采取应急措施。在调车作业过程中，设置必要的防护措施，调车作业人员正确佩戴个人防护用品，严格执行调车制度，加强与其他作业人员之间的联系与沟通，确保调车作业安全。在暴雨、大雾、大风等恶劣天气条件下，适当降低调车作业速度，加强瞭望，确保行车安全。

针对人员与机车，应制定完善的人员安全管理制度与行为规范，严格管理进入机车整备场的人员。加强新员工安全教育培训，使其熟悉整备场的安全环境与注意事项。严禁无关人员进入作业区域，在整备场设置明显的安全通道与警示标志，引导人员安全通行。加强作业人员日常作业监督检查，及时纠正违规行为，防止发生人员伤亡事故。对停留机车采取有效防溜措施，并定期进行检查，确保防溜设备完好有效。在机车移动过程中，要加强机车状态监控。进行摘挂作业的机车，要严格按照操作规程进行操作，确保机车连接牢固可靠。安排专人开展机车整备场的作业现场安全监督，重点监控调车作业、机车整备作业等作业环节，及时发现并纠正违规行为。定期检查作业现场安全，排查安全隐患，及时采取措施治理隐患，确保作业现场安全。

③机务段调度室区域风险管控

围绕行车调度指挥，可根据列车运行图、机车运用计划以及机务段的实际情况，制定科学合理的行车调度计划，充分考虑机车的检修、整备、运用等因素，合理安排机车的出入库时间、担当车次以及运行线路，确保机务段内的行车秩序井然。在制定调度计划过程中，加强与车辆段、车站等相关单位的沟通协调，确保调度计划的可行性与准确性。严格执行调度命令，确保调度命令的准确性与及时性。认真填写调度命令记录，跟踪确认下达的调度命令，确保作业人员正确执行。及时纠正处理违反调度命令行为，保障行车安全。建立调度命令复核制度，双人复核重要调度命令，防止出现错误。利用先进的行车监控系统，实时监控机务段内的机车的位置、运行速度、信号状态、列车运行情况等行车动态，及时掌握机车的运行状态，快速分析与处理机车故障、信号故障、列车晚点等异常情况，采取有效的应急措施，确保行车安全。建立行车信息反馈机制，及时将行车过程中的重要信息反馈给相关部门与人员，为决策提供依据。

围绕信息沟通与协调，机务段调度室加强与检修车间、运用车间、整备车间、设备管理部门等内部各部门之间的信息沟通与协调。及时传达机车检修计划、运用计划、整备计划、设备维护计划等信息，确保各部门之间工作衔接顺畅。定期召开生产协调会，解决工作中出现的问题与矛盾，提高机务段的整体生产效率。建立内部信息共享平台，方便各部门之间及时获取所需信息，提高工作协同性。与上级调度部门、车站、车辆段等外部单位保持密切联系，及时获取列车运行图调整、行车限制、施工计划等信息。根据外部信息，合理调整机务段内的行车调度计划与机车运用计划，确保机务段与外部单位之间的工作协调一致。加强与铁路其他相关部门的应急联动机制建设，在突发事件发生时，能够迅速响应，协同作战，共同应对。建立完善的信息反馈与处理机制，及时收集和处理作业人员、设备管理人员、乘务员等反馈的信息。

围绕应急处置管理，制定全面完善的机车故障、火灾、地震、恶劣天气等突发事件应急预案，明确各部门和人员在应急处置中的职责分工，确保在突发事件发生时能够迅速、有序地开展应急处置工作。修订完善应急预案，确保其科学性、实用性与可操作性。定期组织应急演练，模拟不同类型的突发事件场景，检验和提高应急处置能力，通过演练，使应急处置人员熟悉应急处置流程，掌握应急救援技能，提高协同配合能力，加强应急演练评估考核，总结与改进演练过程中发现的问题，不断完善应急预案，确保演练效果。建立应急物资储备库，储备充足的抢修工具、照明设备、消防器材、防护用品、备用零部件等应急物资，定期检查维护应急物资,确保应急物资处于良好状态,随时能够投入使用。建立应急物资管理台账,详细记录应急物资的出入库,保证应急物资的合理使用与有效管理。

(5)工务专业单位区域风险管控

①区间线路的风险管控

针对平直线路,安排专人定期巡检,重点检查钢轨、扣件、轨枕、道岔轨件、道床、无砟轨道结构等。利用轨道检查车定期全面检测,及时发现轨道几何尺寸偏差。根据钢轨磨损程度,制定合理的钢轨打磨计划,延长钢轨使用寿命。定期复紧扣件,确保扣件扭矩符合标准。及时更换损坏轨枕、伤损钢轨,保证线路可靠性、稳定性。储备一定数量的备用钢轨、轨枕、扣件等物资,一旦发生突发情况,能够迅速进行抢修,减少对行车的影响。

针对曲线线路,增加曲线地段的巡检频次,特别关注曲线外股钢轨的侧磨和轨距变化。定期测量曲线正矢,掌握曲线的圆顺度变化情况。根据曲线半径和行车速度,合理设置超高和轨距加宽。发现钢轨侧磨或轨距变化达到维修标准时,及时安排人员进行分析处理。

②道口区域风险管控

针对安全设施维护,定期检查道口的栏杆、信号灯、警示标志等安全设施,确保其完好有效。检查维修道口铺面,保证车辆通过时平稳顺畅。

针对交通疏导,在交通繁忙的道口,安排专人进行交通疏导,指挥车辆和行人有序通过。与当地交通管理部门建立联动机制,共同维护道口的交通秩序。

除此之外,加强道口附近的居民和过往车辆驾驶员的铁路安全知识宣传,提高安全意识,减少因人为因素导致的道口事故。

③站场区域风险管控

针对咽喉区,加强道岔、绝缘接头等设备的检查维护,确保设备正常。重点检查道岔的尖轨、基本轨、心轨、辙叉、翼轨等部件状态,及时发现并处理设备故障。在进行道岔检修等作业时,严格落实防护措施,防止因作业不当引发事故。制定设备故障的应急预案,明确应急处置流程和各部门的职责分工。定期组织应急演练,提高应急处置能力。

针对股道,定期检查股道的钢轨、轨枕、扣件等部件,防止出现钢轨折断、侵入站台限界等情况。及时清理股道内的杂物和积雪,防止异物影响列车运行安全。加强股道周边环境管理,防止树木等物体侵入限界。

④桥隧区域风险管控

针对桥梁区域,定期检测桥梁的墩台、梁体、支座等结构,评估桥梁的技术状态。采用无损检测技术,检查桥梁结构内部是否存在缺陷。维护保养桥梁的栏杆、人行道、排水系统等附属设施,确保其功能完好。及时清理桥梁伸缩缝内的杂物,确保伸缩缝正常工作。在汛期前，全面检查评估桥梁防洪情况，清理河道内的淤积物，制定洪水位警戒值，确保桥梁的行洪安全。

针对隧道区域，定期检查隧道衬砌，观察衬砌表面是否存在裂缝、渗漏水等情况。采用先进设备探测衬砌空洞等隐患。确保隧道内的通风和照明系统正常运行，定期清洗通风设备和照明灯具，确保通风良好、光线充足。定期清理隧道内的排水系统，防止排水管道堵塞。监测隧道内的积水情况，及时采取排水措施、疏通排水设备，避免积水影响列车运行安全。

（6）电务专业单位区域风险管控

①车站区域风险管控

针对信号设备室，安装温湿度传感器、烟雾报警器，实时监控室内温湿度，一旦异常及时报警通知维护人员。制定详细巡检计划，每日检查设备外观有无破损、插件是否松动、指示灯显示是否正常。定期开展设备电气特性测试、功能测试等深度测试。设置门禁系统，仅授权人员可进入，记录人员进出信息，防止无关人员干扰或破坏设备。

针对道岔转辙设备，定期检查道岔尖轨、基本轨密贴情况，转辙机动作杆、表示杆等部件的连接是否牢固，有无磨损、变形。定期维护机械部件，减少磨损。定期测试转辙机的工作电流、电压等电气参数，确保在正常范围。通过监测数据趋势，提前预判设备故障风险。储备充足的转辙机电机、继电器等易损件。制定道岔故障应急预案，确保现场人员能迅速响应，尽快恢复设备正常运行。

②区间区域风险管控

针对轨道电路，利用轨道电路监测设备，实时监测轨道电路的电压、电流、相位等参数，一旦参数超出正常范围，立即发出预警。定期检查钢轨接续线，确保接续线连接牢固，无锈蚀、断裂。及时清理接续线附近的杂物，保证电气连接良好。

针对区间线缆设备，定期巡检区间线缆，检查线缆有无外露、破损，防护套管是否完好。加强穿越河流、公路等特殊地段线缆防护，设置警示标识。检查备用电源的容量、电压等参数，及时更换老化电池。

③调度所区域风险管控

针对调度集中系统，建立专业技术团队，监测服务器负载、网络通信状况、软件运行稳定性等系统运行状态。利用自动化监测工具，实时采集系统运行数据，及时发现并解决潜在问题。备份列车运行计划、调度命令、设备状态信息等系统关键数据。定期进行数据恢复演练，确保在数据丢失或系统故障时能快速恢复数据，保障调度指挥工作的连续性。严格设置系统用户权限，根据不同岗位需求分配相应的操作权限，防止越权操作。定期维护用户账号和密码，要求用户定期更换密码，确保系统安全。

针对调度通信设备，构建适度冗余通信网络，采用双链路、双设备等方式，确保调度通信设备的网络连接稳定可靠。定期开展通信网络测试和优化,提高网络传输速度和抗干扰能力。制定调度通信设备故障应急预案,明确故障发生时的应急处理流程和责任分工。配备必要的应急通信设备,在主通信设备故障时,能迅速切换至应急通信方式,保持调度指挥通信畅通。定期与车站、区间的电务设备以及其他相关系统进行协同测试,确保各系统之间的通信和数据交互正常,提高整体系统的协同工作能力。

(7)车辆专业单位区域风险管控

①车辆检修库区域风险管控

针对检修设备管理,制定详细的检修设备维护计划,定期保养架车机、轮对镟修、起重机以及探伤、试验等检修设备,检查设备的机械部件磨损情况、电气系统连接是否牢固、液压系统有无泄漏等,及时更换磨损部件,确保设备性能稳定。在检修设备上安装起重限位器、架车防溜装置等安全防护装置,定期检测安全性能,保证防护装置有效。为操作人员配备必要的安全帽、防护手套、安全鞋等安全防护用品,加强操作人员设备安全操作培训,严禁违规操作。利用设备运行监测系统,实时采集电机电流、设备温度等关键设备的运行参数,通过数据分析,提前预判设备故障风险,当参数异常时及时发出警报,安排专业人员进行检修,避免因设备故障影响车辆检修进度。

针对车辆检修作业,制定严格且详细的车辆检修工艺流程,明确各检修工序的操作标准、质量要求和检验方法。检修人员必须按照流程作业,严禁简化或省略步骤。在检修过程中,重点检查和维护车辆的转向架、制动系统、电气系统等关键部件,确保车辆技术状态良好。建立完善的检修质量控制体系。返工处理检修质量不合格的车辆,确保每一辆检修后的车辆都符合运行标准。保持检修库内的清洁卫生,定期清理地面油污、杂物等,防止人员滑倒摔伤。合理规划检修库内的作业区域,设置明显的标识和通道,避免车辆、设备和人员在库内相互干扰。加强通风系统的维护,确保库内空气流通,减少有害气体和粉尘对检修人员的危害。

针对消防安全,在检修库内配备干粉灭火器、二氧化碳灭火器、消火栓等消防器材,定期检查维护,确保消防器材完好有效。按照规定设置火灾自动报警系统和消防水系统,保证在火灾发生时能够及时报警并进行灭火。专人管理、专柜存放检修库内使用的油漆、清洗剂、润滑油等易燃易爆物品,严格控制使用量和存放量,使用易燃易爆物品时,采取远离火源、配备灭火器材等防火措施,防止火灾事故发生。定期组织检修库内的工作人员消防安全培训,学习消防知识和灭火技能,提高员工的消防安全意识。定期开展消防演练,模拟火灾场景,检验和提高员工的应急处置能力,确保在火灾发生时能够迅速、有效地进行灭火和疏散。

②运用整备场区域风险管控

针对车辆整备作业,制定科学合理的车辆整备作业流程,明确车辆入库、检修、清洁、补给等各个环节的工作内容和时间要求。建立严格的整备质量检查制度,检查车辆的外观、车内设施、走行部、制动系统等关键部位。检查人员认真填写检查记录,发现问题及时通知相关人员进行整改。严禁上线运行整备质量不达标车辆,确保投入运营的车辆状态良好。定期组织业务培训,学习车辆构造、检修知识、整备作业标准等,使作业人员熟练掌握整备作业流程和技术要求。加强职业道德教育,增强作业人员的质量意识和服务意识。

针对调车作业,制定详细的调车作业操作规程,明确调车作业的信号显示、作业方法、速度限制等要求。调车作业人员必须严格按照操作规程进行作业,严禁超速、违规抢道等行为。在调车作业前,认真检查调车设备和车辆状态,确保调车作业安全。定期维护和保养调车机车、轨道电路、信号设备等调车设备,确保设备性能良好。检查调车机车的制动系统、牵引系统、照明系统等关键部位,及时处理设备故障。在调车作业过程中,设置必要的防护措施,在调车作业区域设置警示标志、安排专人进行防护等。调车作业人员要正确佩戴防护用品,严格执行调车制度,加强与其他作业人员的联系和沟通,确保调车作业安全。

针对整备场区域的人员与车辆,加强运用整备场区域内人员的安全管理,制定人员安全管理制度和行为规范。对进入整备场的人员进行安全教育,告知其安全注意事项,严禁无关人员进入作业区域。在整备场设置明显的安全通道和警示标识,引导人员安全通行。加强停留车防溜管理,采取设置铁鞋、止轮器等防溜措施,定期检查,确保防溜设备完好有效。在车辆移动过程中,要加强车辆监控,防止车辆溜逸。严格按照摘挂作业操作规程操作,确保车辆连接牢固。安排专人监督检查运用整备场的作业现场安全,及时发现和纠正违规行为,重点监控调车、车辆检修等作业环节,确保作业安全。定期检查作业现场,排查安全隐患,及时采取措施进行整改。

③车辆段调度室区域风险管控

针对行车调度指挥,根据列车运行图和车辆运用计划,结合车辆段实际情况,制定科学合理的行车调度计划,充分考虑车辆检修、整备、调车作业等因素,合理安排车辆的出入库时间和线路,确保车辆段内的行车秩序井然。严格执行调度命令,确保调度命令的准确性和及时性。利用行车监控系统,实时监控车辆段内车辆的位置、运行速度、信号状态等行车动态。及时掌握车辆运行状态,分析和处理车辆故障等异常情况,确保行车安全。

针对信息沟通与协调,加强车辆段调度室与检修车间、运用车间、设备管理部门等内部各部门之间的信息沟通与协调。及时传达车辆检修计划、运用计划、设备维护计划等信息,确保各部门之间工作衔接顺畅。定期召开生产协调会,解决工作中出现的问题和矛盾,提高车辆段的整体生产效率。与上级调度部门、机务段、车站等外部单位保持密切联系,及时获取列车运行图调整、行车限制等信息。根据外部信息,合理调整车辆段内的行车调度计划和车辆运用计划,确保车辆段与外部单位之间的工作协调一致。建立信息反馈机制,及时收集和处理作业人员、设备管理人员等反馈的信息。分析和研究反馈问题，制定相应的解决措施，并及时反馈给相关人员。通过信息反馈与处理，不断优化车辆段的生产管理工作。

针对应急管理，制定完善车辆故障、火灾、地震等突发事件应急预案，明确各部门和人员在应急处置中的职责分工，确保在突发事件发生时能够迅速、有序地开展应急处置工作。定期组织应急演练，模拟不同类型的突发事件场景，检验和提高应急处置能力。通过演练，使应急处置人员熟悉应急处置流程，掌握应急救援技能，提高协同配合能力。总结和改进演练发现问题，不断完善应急预案。建立应急物资储备库，储备充足的应急物资。定期检查和维护应急物资，确保应急物资处于良好状态，随时能够投入使用。

（8）供电专业单位区域风险管控

①牵引变电所区域风险管控

针对设备运行监测，安装高精度的电气参数监测装置，实时采集变压器、断路器、隔离开关等设备的电压、电流、功率等参数。通过数据分析软件，实时分析参数，一旦参数超出正常范围，立即发出预警信号，通知运维人员进行处理。在变压器、开关柜等关键设备安装温度传感器，利用红外测温技术，监测设备运行温度。

针对设备维护检修，制定详细的设备定期检修计划，根据设备的运行状况、制造厂家建议以及相关标准规范，合理确定检修周期。开展变压器、断路器等重要设备全面预防性试验和检修，确保设备性能良好。安排专业运维人员定期巡检牵引变电所，检查设备外观是否正常，有无放电痕迹、异味、异常声响等。检查设备油位、气压、水位等，确保设备处于正常运行状态。检查消防设施、安防设施是否完好有效。建立检修质量控制体系，在检修过程中，按规定记录检修环节。检修完成后，开展设备整体调试和验收，确保设备检修质量符合要求。分析总结检修过程中发现的问题，制定改进措施，不断提高检修质量。

针对安全防护措施，设置明显的安全警示标志，封闭管理高压设备区域，设置防护围栏和门禁系统，防止无关人员进入。为运维人员配备绝缘手套、绝缘靴、绝缘棒等全套防护用品，定期进行检验，确保防护用品性能可靠。牵引变电所内配备充足的干粉灭火器、二氧化碳灭火器等灭火器材，定期检查和维护。在变压器等可能产生火灾的设备场所，设置火灾自动报警系统和灭火装置。安装防雷接地装置，定期检测防雷接地电阻，确保接地电阻符合要求。在雷雨季节来临前，全面检查和维护防雷设施，确保防雷设施正常运行。加强设备过电压保护，安装避雷器等过电压保护装置，防止因雷击过电压损坏设备。

②接触网区域风险管控

针对接触网设备检查，安排接触网工每日对接触网设备进行巡检，检查接触线、承力索的磨损情况，有无断股、烧伤等缺陷。检查吊弦、定位装置、线岔、锚段关节等部件的连接是否牢固，有无变形、损坏。检查接触网支柱是否倾斜、基础是否下沉，接地装置是否完好。利用接触网检测车定期对接触网进行动态检测，检测接触网的拉出值、导高、弓网接触力等参数。通过数据分析，及时发现接触网设备存在的问题和隐患，为设备维修提供依据。在大风、暴雨、暴雪等恶劣天气过后以及设备发生故障或事故后，及时组织专项检查，开展接触网设备全面检查，确保设备安全运行。

针对接触网维修，根据巡检和检测结果，及时维修接触网设备缺陷和故障。对于一般缺陷和故障，安排在天窗时间维修处理；对于严重缺陷和故障，立即启动应急预案，组织抢修队伍进行抢修，尽快恢复接触网设备的正常运行。制定接触网设备定期维护计划，开展接触网设备全面清洁、紧固、润滑、调整等维护保养工作。定期清扫绝缘子，提高绝缘子的绝缘性能；定期对接触线、承力索进行涂油，减少导线的磨损。根据接触网设备的运行状况和技术发展趋势，采用新型接触线材料、优化接触网的悬挂方式、应用智能监测系统等技术，提高设备的性能和可靠性，不断提升接触网的运行管理水平。

针对应急处置措施，制定完善的接触网故障应急预案，明确应急处置流程、各部门和人员的职责分工、应急物资储备等内容。定期修订完善应急预案，确保应急预案的科学性和实用性。定期组织接触网故障应急演练，模拟不同类型的接触网故障场景，检验和提高应急处置能力。通过演练，使应急处置人员熟悉应急处置流程，掌握应急抢修技能，提高协同配合能力。建立健全应急物资管理制度，储备充足的接触线、承力索、吊弦、定位装置、线岔、锚段关节等应急物资以及抢修工具、照明设备、防护用品等。定期检查维护应急物资，确保应急物资处于良好状态，随时能够投入使用。

③电力线路区域风险管控

针对线路巡检维护，制定电力线路定期巡检计划，根据线路的电压等级、运行环境等因素，合理确定巡检周期。安排专业巡检人员对电力线路进行徒步巡检，检查线路杆塔是否倾斜、基础是否下沉，导线是否有断股、磨损、弧垂变化等情况。检查绝缘子是否脏污、破损。在大风、暴雨、暴雪、高温、冰冻等恶劣天气过后，及时组织电力线路检查，确保线路安全运行。加强电力线路通道管理，定期清理线路通道内的树木、竹子等障碍物，防止树木、竹子触碰导线引发线路故障。排查和制止线路通道内的违章建筑、施工活动等，确保电力线路的安全运行空间。

针对设备状态监测，安装电力线路在线监测系统，实时监测导线温度、弧垂、应力等运行参数。通过数据分析，及时发现线路设备的异常状态，提前预警线路故障风险。定期检测电力线路的接地电阻，确保接地电阻符合要求。定期检测绝缘子的绝缘性能是否良好，及时更换绝缘性能下降的绝缘子，防止因绝缘子故障导致的线路跳闸。

针对故障应急处理，当电力线路发生故障时，利用故障定位系统迅速确定故障位置，组织抢修人员尽快赶赴现场进行故障排查。通过检查和测试线路设备，分析故障原因，制定抢修方案。根据抢修方案,组织抢修人员迅速开展抢修工作,尽快恢复电力线路的正常供电。在抢修过程中,严格遵守操作规程,确保抢修人员人身安全。合理调配应急物资和设备,提高抢修效率。在电力线路故障应急处理过程中,加强与供电调度、用户等相关部门和单位信息沟通与协调。及时向供电调度汇报故障情况和抢修进展,听从调度指挥,并向用户通报停电原因和预计恢复供电时间。

4.4 风险等级动态调整

铁路单位实施风险降低工作制度,高度关注运营情况和危险源变化后的风险状况,动态评估、调整风险等级和管控措施,确保风险始终处于受控范围内。针对因主、客观因素,不可降低等级的风险,应落实措施加强风险管控。

出现新的危险源或风险管控措施失效、弱化时,管控责任人应当及时报告,经风险评估后动态调整风险等级和防控措施。采取措施后风险得到有效管控,评估通过后才可以降低或解除风险等级。重大风险等级降低或解除须经单位主要负责人组织评估。

风险等级动态调整能够及时发现和处理铁路运营中的潜在风险,将风险控制在可接受的范围内,降低事故的发生概率,保障旅客和货物运输安全。根据风险等级的不同,合理分配安全管理资源,将有限的人力、物力、财力投入到最需要的地方,提高安全管理的效率和效益。随着铁路建设的不断推进和技术的不断更新,铁路系统面临的风险也在不断变化。风险等级动态调整能够使铁路安全管理更好地适应这些变化,确保铁路事业可持续发展。

4.4.1 调整依据

(1)设备设施状况变化

铁路设备设施如轨道、信号系统、机车车辆等的技术状态是风险评估的重要依据。设备老化、故障频率增加、维修保养不到位等情况可能导致风险等级上升,而设备更新换代、技术改造升级等则可能使风险等级降低。

(2)人员因素变化

人员因素包括铁路工作人员的业务能力、工作态度、疲劳程度等。人员的失误、违规操作等行为会增加风险,反之,人员素质提高、培训到位、严格遵守规章制度则有助于降低风险。

(3)环境因素变化

环境因素如暴雨、暴雪、大风、洪水等恶劣天气、滑坡、泥石流等地质灾害会给铁路带来安全风险,需要根据不同季节、地区环境等变化动态调整风险等级。铁路沿线的施工活动、人口密度、道口数量等沿线周边社会环境的变化也可能影响风险等级。

(4)运输组织变化

列车运行图的调整、运输密度的增大、新线路的开通或既有线路的改造等运输组织方面的变化,可能会对铁路系统的风险状况产生影响。例如,运输密度增大可能导致列车冲突、晚点等风险上升。

(5)安全管理水平变化

有效的安全管理制度、完善的应急预案、有效的安全检查和隐患排查等安全管理措施能够降低风险发生的可能性和影响程度。若安全管理出现漏洞或薄弱环节,则可能使风险等级升高。

4.4.2　调整流程

(1)风险监测与数据收集

铁路单位可通过轨道检测车、信号监测系统、机车车辆故障诊断系统等设备,实时收集轨道几何状态、信号设备运行参数、车辆关键部件性能等数据,以了解设备的运行状况。利用行车记录仪、作业监控系统等,记录机车驾驶人员的驾驶、车站工作人员的接发列车作业等操作行为,便于分析人员操作是否存在违规或失误风险。运用气象监测站、地质监测设备等,收集铁路沿线的风速、降雨量、温度等气象信息、边坡位移、土壤湿度等地质状况等数据,为评估环境因素对铁路运行的风险提供依据。收集列车运行图执行情况、客货运输量变化、施工计划安排等运输组织方面的信息,分析运输组织调整可能带来的风险。

(2)风险评估

铁路单位结合生产特点和安全生产历史数据资料,选择风险矩阵法、故障模式与影响分析、事件树分析、故障树分析等风险评估方法。评估人员从数据分析中识别出可能导致风险的设备故障、人员失误、恶劣天气、施工干扰等危险源,厘清各危险源之间的相互关系,按照从严从高的原则,根据风险发生的可能性和后果的严重性,逐项评估辨识出的风险,初步确定风险等级。

(3)等级判定与调整

铁路单位的安全管理部门或相关专业部门开展风险评估结果内部审核,以确保评估过程的科学性和结果的准确性。对于重大风险,可组织相关领域的专家进行评审,从技术、管理、运营等多个角度对风险等级进行论证,提出专业意见。综合内部审核和专家评审的结果,结合铁路运营的实际情况和发展变化,由铁路单位的管理层或安全生产委员会做出风险等级是否调整的决策,涉及重大风险等级调整,必须由主要负责人组织决策。若风险状况发生显著变化,出现新的危险源、风险管控措施弱化、失效等情况,应及时调整风险等级。

(4)措施制定与实施

依据调整后的风险等级,需要从组织、制度、技术、应急等方面制定具体的风险管控措施。将风险管控措施分解落实到具体的部门和岗位,明确责任人和时间节点,确保措施得到有效执行。建立监督检查机制,开展风险管控措施执行情况的定期检查和不定期抽查,及时发现和纠正措施执行过程中存在的问题。定期开展风险管控措施的实施效果评估,通过对比风险指标的变化、事故发生频率等数据,判断是否有效降低了风险等级。根据检查和抽查的结果,及时调整风险等级、完善风险管控措施,形成风险等级动态调整的闭环管理。

4.5 风险预警

铁路单位应建立健全风险预警机制,明确预警条件,推动风险监测预警设备应用,对风险点实施监测和预警,及时掌握风险的状态和变化规律,防范事故发生。

重大风险制定专项动态监测计划,明确预警条件,采取有效措施实施超前预测、动态监测、主动预警,动态更新监测情况,每年对风险管控措施进行评估改进,监测评估情况单独建档。重大风险进入预警状态的,应当立即发出预警,通知相关管理和作业人员,采取针对性应急措施。

4.5.1 预警类型

(1)自然灾害预警

针对暴雨、洪水、暴雪、大风、地震、山体滑坡、泥石流等可能影响铁路设施和运行安全的自然灾害,可参照气象部门、地质监测机构等提供的数据和信息,结合铁路沿线的监测设备,预警可能发生的灾害。

(2)设备故障预警

利用设备监测系统实时监测铁路的轨道、信号、供电、机车车辆等关键设备的运行状态,当设备出现异常数据、性能下降或存在潜在故障风险时,应及时发出预警信号,安排检修和维护。

(3)人的因素预警

监测预警铁路工作人员的违规操作、疲劳作业等行为。开展本专业或行业内典型事故安全预警。预警旅客靠近危险区域、携带违禁物品等危险行为。

(4)运输组织预警

监测列车运行图的执行情况、客货运输量的变化、线路施工计划执行情况等因素,预警可能导致列车晚点、相撞、冲突等运输组织风险,以便及时调整运输方案。

4.5.2　预警级别

预警对应风险等级，一般分为四个级别，各级别对应颜色及表述如下。

(1)红色预警(Ⅰ级)

红色预警(Ⅰ级)表示风险极高，对应重大风险等级，可能会引发重、特大铁路事故，如严重的自然灾害即将发生且可能对铁路造成毁灭性破坏、列车即将发生重大冲突或脱轨等紧急情况，需要立即采取停运、封锁线路等紧急措施。

(2)橙色预警(Ⅱ级)

橙色预警(Ⅱ级)代表风险较高，对应较大风险等级，可能导致较大事故，如较大规模的山体滑坡、洪水漫过铁路路基、设备出现严重故障等，需要密切关注，做好应急准备，必要时采取限速、停运部分列车等措施。

(3)黄色预警(Ⅲ级)

黄色预警(Ⅲ级)意味着存在一定风险，对应一般风险等级，可能影响铁路正常运行，如中度的自然灾害、设备出现一般故障、运输组织出现局部混乱等，需要加强监测和防范，及时采取措施进行调整和处理。

(4)蓝色预警(Ⅳ级)

蓝色预警(Ⅳ级)表示风险较低，对应低风险等级。即便如此，仍需关注，如轻微的天气变化、设备出现轻微异常等，提醒相关人员保持警惕，做好日常的检查和维护工作。

4.5.3　预警作用

(1)预防事故发生

提前发现潜在风险，督促铁路单位能够采取有效的预防措施，避免或减少事故的发生，从而保障旅客和工作人员的生命财产安全，保护铁路设施。

(2)优化资源配置

根据预警信息，合理调配人力、物力和财力资源，将资源集中投入到风险等级较高区域和关键环节，从而提高资源利用效率，增强铁路安全保障能力。

(3)提升应急响应能力

为应急处置提供提前准备时间，使铁路单位能够在事故发生前启动应急预案、人员集结、物资调配等准备工作，能够得到迅速、有效地应对突发事件，从而降低事故损失和影响。

(4)保障铁路运输秩序

通过及时采取调整列车运行计划、疏散旅客、组织救援等措施，确保铁路运输的正常秩序，减少对社会经济和旅客出行的影响。

4.5.4 预警流程

(1)数据收集与监测

利用轨道检测车、接触网检测设备等专业监测工具，实时监测铁路的轨道、桥梁、隧道、信号系统、供电系统等设备设施的运行状态，获取设备的轨道的几何尺寸、信号设备的工作电压、供电接触网的张力等技术参数、运行性能数据。通过气象监测站、地质监测仪器等设备，收集铁路沿线的温度、湿度、风速、风向、降雨量、积雪深度等气象信息和边坡位移、土壤湿度、地下水位等地质数据以及时掌握环境因素对铁路安全的影响。借助行车记录仪、作业监控系统、视频监控等手段，记录机车驾驶人员的驾驶操作、车站工作人员的接发列车作业、维修人员的设备检修作业等铁路工作人员的操作行为和作业过程，以便发现人员作业中的违规行为和潜在风险。收集列车运行图的执行情况、客货运输量的变化、线路施工计划与进度、车站客流情况等运输组织方面的信息，分析运输组织调整可能带来的风险。

(2)风险辨识与分析

筛选和整理以上收集到的原始数据，去除重复、错误和无效的数据，将有效数据进行分类处理，以便后续分析。运用数据挖掘、机器学习、人工智能等技术，从整理后的数据中提取与风险相关的设备运行数据中的异常波动、环境数据中的极端值、人员作业数据中的违规操作模式等特征信息。分析不同数据来源之间的关联性，找出可能导致风险的各种因素之间的相互关系，例如恶劣天气与设备故障之间的关联、人员违规操作与运输组织混乱之间的联系等。结合历史数据和教训，初步判断是否存在风险以及风险的类型，例如，判断是设备故障风险、自然灾害风险、人为失误风险还是运输组织风险等。

(3)风险评估与分级

根据风险评估结果，按照预先设定的风险等级标准，确定风险的具体等级。对于一些复杂的、难以准确判断的风险，组织相关领域的专家审核和论证，专家根据专业知识和经验，确认风险评估等级，确保风险等级的科学性和准确性。

(4)预警发布与传达

根据确定的风险等级和相关风险信息，制定详细的风险类型、风险等级、可能影响范围、预计发生时间、建议采取的防范措施等预警信息。根据预警信息的重要程度和受众范围，通过铁路信息系统、短信平台、手机应用程序、车站广播、电子显示屏、新闻媒体、政府部门及相关机构等发布渠道，将预警信息及时传达给相关单位、工作人员和旅客。对于重要的预警信息，实行多级传达和确认机制，确保各级管理人员和作业人员都能收到预警信息，并对信息进行确认反馈，以保证预警信息传达的准确性和及时性。

(5)预警响应与跟踪

相关部门和单位收到预警信息后,根据风险等级和实际情况,立即研究制定预警响应措施。对于红色预警,可能需要采取停运列车、封锁线路等紧急措施;对于橙色预警,可能要做好应急准备、安排人员和物资待命等措施。将预警响应措施分解落实到具体的单位和人员,明确责任和时间节点,确保措施得到有效执行。建立监督机制,跟踪和检查预警响应措施执行情况,及时发现和纠正执行过程中存在的问题。评估预警响应措施的实施效果,通过对比风险指标的变化、事故发生情况等,判断其是否有效降低了风险,根据评估结果,及时调整和完善预警响应措施,将相关情况反馈给上级部门和相关单位,从而形成风险预警的闭环管理。

4.6　风险公告

铁路单位需建立完善的风险公告制度,绘制企业“红、橙、黄、蓝”四色安全风险空间分布图,并通过安全手册、公告栏、作业风险提示卡、岗位风险告知卡、网络宣传等方式将风险基本信息、应急信息及报告方式等内容告知进入风险工作区域的人员,多路径指导督促做好安全防范。

4.6.1　公告原则

公告的风险信息必须真实、准确,数据和事实要经过严格核实,确保所传达的内容与实际风险状况相符,不能有任何虚假或误导性信息,以免误导相关人员做出错误的决策和判断。发现铁路风险,应尽快进行公告,确保相关人员和公众能够在第一时间获取信息,及时采取防范和应对措施,将风险可能造成的损失和影响降到最低。公告内容要涵盖风险的类型、位置、可能产生的影响、危害程度、应急措施等信息,不能遗漏重要信息,使受众能够全面了解风险情况,做好充分准备。风险公告应使用简洁明了、通俗易懂的语言和表达方式,避免使用过于专业和晦涩的术语,确保不同文化层次和专业背景的人员都能理解公告内容,理解风险和应对要求。根据不同的风险类型、受众群体等因素,制定有针对性的公告内容和方式。例如,对旅客的公告要侧重于乘车安全和出行影响,对铁路沿线居民的公告要强调铁路周边活动的安全注意事项等;对职工的公告要侧重场所区域的安全注意事项。铁路风险公告在不同渠道、不同时间发布的内容应保持一致,避免出现相互矛盾的信息,维护公告的权威性和可信度,让受众能够获得统一、稳定的风险信息。随着风险的发展变化、管控措施的实施效果等实际情况,应及时更新调整公告内容,确保公告始终反映最新的风险状态,为决策主体提供更为有效的依据。在公告风险时,要注意保护国家秘密、商业秘密和个人隐私等敏感信息,保证公众知情权的同时,防范因信息泄露而带来不必要的风险和损失。

4.6.2 公告内容

(1)风险基本信息

风险基本信息包括风险名称、风险类别、风险点、风险等级、风险描述及危害程度等,让相关人员清楚了解风险的具体情况。风险名称是简洁、准确的命名,以便于识别和记忆。风险类别是按照风险的性质和特点进行分类,常见的类别有洪水、地震、泥石流等自然灾害类,信号故障、车辆故障等设备故障类,施工事故、违规操作等作业安全类,恐怖袭击、乘客冲突等公共安全类等。风险点是明确风险具体发生或可能发生的位置或环节,精确到具体的地点或部位,便于精准防控。风险等级是根据风险可能造成的危害程度、发生概率等因素,按照相关标准和规范确定风险等级。风险描述是详细描述风险的产生原因、表现形式、影响范围等信息,如"因近期连续降雨,某铁路线路靠山一侧山坡土体含水率饱和,存在山体滑坡风险,可能影响该段铁路上下行线路的正常运行"。危害程度是列出风险管控措施一旦弱化、失控可能对人员生命安全、财产损失、铁路运营秩序、环境等方面造成的危害后果。

(2)管控措施

针对风险辨识评估结果,公告所处区域风险采取的工程技术、管理、应急等管控措施。工程技术措施是指为降低或消除风险而采取的加固山体、安装防护网、升级信号设备、改进车辆部件等工程技术手段。管理措施包括制定和完善相关管理制度、操作规程,加强人员培训、监督检查、安全考核等方面的措施。应急物资准备是公布应对风险所需的抢险救援设备、器材以及物资的种类、数量、存放地点等应急物资储备情况,确保能够实现及时调配和使用。

(3)应急处置信息

针对不同风险制定的应急处置措施,指导相关人员如何正确应对。应急处置流程明确了风险发生时应采取的应急处置步骤和程序,每个步骤都需有具体的操作要求和责任分工。

应急救援电话是提供铁路内部和外部的应急救援联系电话,方便相关人员在紧急情况下及时联络。对于可能危及人员安全的风险,要告知附近的逃生路线和避险场所。

(4)报告方式

告知相关人员发现风险变化或异常情况时的报告途径和方式,确保信息能够及时反馈,以便采取相应措施。内部报告流程是向铁路内部人员说明发现风险变化或异常情况时应向谁报告、通过何种渠道报告,例如,向工班长、车间主任报告,或通过专门的安全管理信息系统上报等。外部报告途径是明确在遇到重大风险或需要外部支援时,应向哪些政府部门、相关单位报告,例如,向铁路监管部门、当地应急管理部门、消防部门等报告的具体方式和联系人。

4.6.3 公告方式

铁路单位要绘制企业“红、橙、黄、蓝”四色安全风险空间分布图，直观展示风险的分布情况和等级。通过安全手册、公告栏、作业风险提示卡、岗位风险告知卡、网络宣传、看板等方式，将风险信息传达给本单位的员工，确保员工在工作中能够时刻注意风险，做好安全防范。对存在重大风险的工作场所、岗位和设备设施，应当设置明显的警示标志，标明重大风险危险特征、可能发生的事件后果、安全防范和应急措施，起到警示和提醒作用。对于重大风险，除了上述常规的公告方式外，还需要将其登记、预警和等级调整等信息按照管辖原则及时报告所在地铁路监管部门、其他负有安全监督管理职责的部门或地方人民政府相关部门，以便相关部门及时掌握情况，进行监督和指导。

四色安全风险空间分布图是实施风险分级管控的重要手段，风险管控看板是管理人员执行管理的重要抓手，以下将就绘制四色安全风险空间分布图和编制风险管控看板做进一步的阐述。

4.6.4 绘制四色安全风险空间分布图

(1)作用意义

四色安全风险空间分布图能够将风险可视化和网络化，告知该区域风险较高等级位置、相对安全位置、岗位存在风险情况，提高人的防范意识。依次划分重大风险、较大风险、一般风险和低风险区域，有助于风险分级管控。对不同等级的风险，采取有针对性的管控措施，确保风险始终处于受控状态，直观地提高人员风险防范意识和风险管控效率。因此，四色安全风险空间分布图是铁路单位开展双重预防机制的基础。

(2)绘制关键事项

①开展风险辨识评估。铁路单位开展全面辨识、专项辨识，结合生产生活实际划分确定风险点，尽可能全面地辨识风险、危险源，评估确定风险等级，制作风险管控清单。

②结合风险辨识评估结果绘制。铁路单位根据全面辨识、专项辨识结果，结合作业、设备、设施、沿线区域辨识的风险点和评估的风险等级，将全部生产生活、沿线区域依据风险点在地图进行网格化划分，将各作业、办公、生活、沿线区域以及设备设施按照风险点的风险等级以红、橙、黄、蓝色图示标注。

③以最高等级风险标注颜色。风险点标注颜色和风险点关联风险数量没有关系，只由该风险点关联的最高风险等级确定为重大风险、较大风险、一般风险、低风险，分别对应红、橙、黄、蓝四种颜色。

④重叠区域分别绘制。绘制各区域四色安全风险空间分布图，遇有多层建筑、作业区域

等风险标注位置重叠时，可以分别绘制各建筑层面、作业区域的四色安全风险空间分布图。如技术可行，可以运用空间立体布置图进行标注。例如，高层建筑可以分别绘制体现建筑总体区域风险、体现各层区域风险的四色安全风险空间分布图。

⑤绘制仅针对采取风险管控措施前风险等级。针对风险等级可动态调整的实际，风险等级并非稳定持续不变，而是存在降低或升高的时效性，特别是重大、较大风险在采取管控措施后极有可能发生风险等级降低情况。但是，在绘制站段、车间级别四色安全风险空间分布图时，铁路单位可以分别绘制采取风险管控措施前、后的四色安全风险空间分布图，采取风险管控措施前的是固有四色安全风险空间分布图，一般是“红、橙、黄、蓝”四色都有，而采取风险管控措施后的是现有四色安全风险空间分布图，一般是有“黄、蓝”两色，两个图并列放置在一起，一目了然，详见图4.6.1。

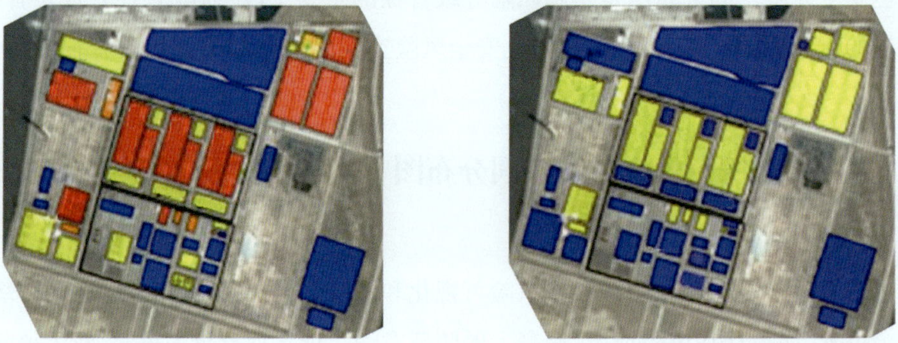

a)固有风险分布图　　b)现有风险分布图

图4.6.1　固有、现有风险分布示意图

⑥标注风险管控措施信息。如果仅仅是单一的纯四色安全风险空间分布图，标示重大风险、较大风险、一般风险和低风险，未注明风险内容、管控措施、应急措施，则无法发挥作用。铁路单位要按照铁路行业风险公告有关要求，通过安全标志、文字标注等方式，公示风险基本信息、应急信息及报告方式等风险信息，有助于区域内人员直观了解掌握。

⑦绘制方向图标。四色安全风险空间分布图上应显示东南西北的方向图标，且应同图形位置正确一致。

⑧标注位置信息。站段级别四色安全风险空间分布图要显示在站场、区间、办公楼、宿舍楼等地图中的位置，最好能够从图中看到周边的公安、消防、医院、道路、河流等和应急有关的资源信息以及企业周边存在的较大以上危险源，例如，铁路沿线危化品企业、交叉并行油气管线信息等。车间级别四色安全风险空间分布图要在站段级别四色安全风险空间分布图基础上结合车间辖区设备、作业、办公楼、宿舍楼等区域显示该车间在站段布局图中位置，结合车间风险辨识评估的风险等级进行标注，如果车间周边有可能发生事故时影响到辖区

安全的风险，也可以标注出来，作为铁路、地方政府有关部门的应急预案衔接或者联动处置。

⑨标注疏散逃生通道。四色安全风险空间分布图应绘制疏散逃生通道，确保风险失控时掌握逃生地点。

⑩持续修改完善。如果铁路单位发生管辖区域变更、设备设施新建改造、新设备、新技术应用、沿线设备设施变化等重大变化，可能会导致某些生产生活区域风险点的风险等级变化，也可能新增或消除风险点，此时应结合风险点、风险等级变化情况，修改完善四色安全风险空间分布图。

(3)绘制注意事项

①绘制图形的规范性。四色安全风险空间分布图绘制可以参考《疏散平面图　设计原则与要求》(GB/T 25894—2010)，明确消防、逃生、疏散以及设施内人员营救等相关信息的疏散平面图的设计原则与要求，以标志形式设置在公共场所和工作区域中。

②与疏散平面图合并。当风险管控从面到点时，会同时出现两张图，那么四色安全风险空间分布图和疏散平面图就可以合并，同时增加疏散平面图必要的图例，将消防车道和紧急疏散通道、急救点、应急装备点标注清楚。

③与职业危害分级管控、应急处置结合起来。职业危害是健康风险，对存在危险源的位置区域提示、警示应急处置措施，也是风险分级管控的内容。绘制时应注意与职业危害分级管控、应急处置合并，从而减少做几张图和公示的重复工作。

4.6.5　编制风险管控看板

铁路单位编制风险管控看板是强化安全生产的重要手段，通过制作风险信息、管控措施、监测与预警、状态更新等板块，能够直观、清晰地展示铁路单位安全生产过程中的风险状况，将风险信息及时准确地传达到每位作业人员，为风险管控决策提供依据，确保每名作业人员掌握风险信息，提高铁路安全管理水平。

(1)编制准备

①明确公示对象与界定业务范围。铁路单位需首先确定风险管控看板服务的部门、车间、班组、作业人员等对象，部门、车间等管理层需要着重关注自身工作领域内整体风险态势和趋势分析，班组、作业人员需要重点关注作业环节的风险点及管控措施。界定风险管控看板覆盖的业务范围是针对铁路单位职责范围内特定环节，如工务专业的线路、探伤、道口、巡守等不同业务环节，或者是涵盖全业务流程。

②组建编制团队。铁路单位成立由安全管理部门、业务部门、技术部门以及一线工作人员组成的团队，确保各方面的专业知识和实践经验都能得到充分利用。明确团队成员职责分工，安全管理部门负责风险辨识和评估，业务部门提供业务流程中的具体风险点、

危险源，技术部门负责技术实现和数据支持，一线工作人员反馈实际操作中的问题和需求。

③收集基础数据。根据前期风险辨识评估结果，梳理风险管控清单确定的风险点、危险源、风险等级、管控措施等，整理现行规章制度、标准规范等，确保风险管控看板内容与现有管理体系的一致性，为制作风险管控看板提供数据支撑。

(2)编制风险管控看板内容

①确定风险管控看板模块与内容。通常包括但不限于风险信息、管控措施、监测与预警、状态更新板块、四色安全风险空间分布图。风险信息板块详细列出各类风险的编号、名称、类型、等级、风险描述、风险点(位置)等信息，详见表4.6.1。管控措施板块展示针对每个风险制定的具体管控措施，分别以不同管控措施编号对应不同编号的风险信息编号，明确管控措施名称、执行部门、执行频率以及管控措施具体内容，见表4.6.2。监测与预警模块发布即将达到或超过风险阈值的预警信号，明确检测指标、正常范围、预警级别、预警条件以及预警响应措施，见表4.6.3。状态更新板块实时显示风险的变化情况，以风险编号对应风险信息，公布风险最近评估日期、管控措施执行情况以及风险等级变化情况，见表4.6.4。四色安全风险空间分布图通过可视化的方式展示铁路线路、车站、区间等区域的风险分布情况，用不同颜色标识不同等级的风险点，绘制方式见4.6.4节。

风险信息板块　　表4.6.1

风险编号	风险名称	风险类型	风险等级	风险描述	风险点(位置)
R001	列车制动系统故障	设备故障	较大风险	制动系统零部件磨损、老化或液压系统泄漏，导致制动失灵	列车制动系统各部件，包括闸瓦、制动缸等
R002	信号系统错误显示	设备故障	较大风险	信号机故障、轨道电路异常等原因造成信号显示错误，影响列车运行安全	铁路沿线信号机、轨道电路所在位置

管理措施板块　　表4.6.2

管控措施编号	对应风险编号	措施名称	执行部门	执行频率	措施详情
M001	R001	每日制动系统检查	维修部门	每日	检查闸瓦厚度、制动缸压力等参数，记录并对比历史数据，发现异常及时维修
M002	R002	信号系统定期巡检和维护	信号维护部门	每周	检查信号机灯泡、继电器状态，清洁轨道电路绝缘部分，对故障设备及时更换或修复

监测与预警板块　　表4.6.3

风险编号	检测指标	正常范围	预警级别	预警条件	预警响应措施
R001	闸瓦厚度	不小于[X]mm	黄色：厚度在[X～Y]mm； 红色：厚度小于[X～Y]mm	当闸瓦厚度达到预警值时	黄色预警：加强检查频率； 红色预警：立即停车检修
R002	信号机显示正确率	≥99.9%	橙色：99%～99.9%； 红色：＜99%	当正确率低于阈值时	橙色预警：紧急检查故障信号机； 红色预警：停止相关区域列车运行，全面排查

状态更新板块　　表4.6.4

风险编号	最近评估日期	管控措施执行情况	风险等级变化
R001	20××年×月×日	正常执行，未发现异常	无
R002	20××年×月×日	本周发现一处信号机灯泡损坏，已更换	无

②确定数据的更新频率。铁路单位结合安全生产实际，研判风险变化趋势，确定风险管控看板的更新周期，确保风险管控看板信息的及时性和准确性。

(3)设计风险管控看板样式

①确定形式。铁路单位结合安全生产实际需要，编制电子、纸质风险管控看板，其中，电子风险管控看板具有实时更新、动态展示、交互性强等优点，适合在调度指挥中心、部门、车间等场所使用；纸质风险管控看板应张贴在作业现场、班组，方便一线作业人员查看。

②规划布局。编制风险管控看板应遵循简洁明了、重点突出的原则，合理安排各模块的位置和大小，确保用户能够快速获取关键信息，详见图4.6.2。通常将四色安全风险空间分布图、风险等级等重要信息放在看板的显著位置，将详细的风险清单、管控措施等内容放在次要位置。

③突出风险等级视觉效果。风险看板可以用红色标识重大风险、橙色标识较大风险、黄色标识一般风险、蓝色标识低风险，采用清晰的字体和颜色搭配，确保信息的可读性，同时也可以加入铁路相关的标识、图标等元素，增强看板的专业性和辨识度。

(4)注意事项

①维护与更新。加强风险管控看板的日常维护，及时更新风险数据，录入新发现的风险点、风险等级调整等信息。定期评估风险管控看板的使用效果，收集各部门、车间、班组反馈意见，分析风险管控看板在风险管控中的作用和存在的问题，优化和改进看板的内容、格式、功能等，提高实用性和有效性。针对本单位业务流程、技术设备、沿线环境等变化，动态调整风险管控看板中的风险信息、管控措施等内容，确保风险管控看板能够准确反映当前的风险状况。

[××车站] 风险管控看板

更新日期：20××年×月

风险信息

风险编号	风险名称	风险类型	风险等级	风险描述	风险点(位置)
S001	乘客拥挤踩踏	人员风险	较大风险	高峰时段乘客客流量大，可能在新出站口、楼梯等狭窄处发生拥挤踩踏	进出站通道、楼梯、站台
S002	行李安检漏检	管理风险	一般风险	安检设备故障或人员疏忽，导致危险物品漏检进入车站	安检通道

管控措施

管控措施编号	对应风险编号	措施名称	执行部门	执行频率	措施详情
C001	S001	客流疏导与监控	车站运营部门	高峰时段每15min一次	在关键位置安排工作人员引导乘客、设置分流设施，实时监控客流密度，超过阈值启动应急预案
C002	S002	安检设备维护与人员培训	安检部门	设备每日开机检查，人员每月培训一次	每日开机检查安检设备运行状况，定期对安检人员进行技能和安全意识培训，制定严格的安检流程和责任制度

监测与预警

风险编号	检测指标	正常范围	预警级别	预警条件	预警响应措施
S001	关键区域客流密度（人/m²）	＜3	黄色：3~5 红色：＞5	客流密度达到预警值	黄色预警：增加疏导人员； 红色预警：暂停进站，疏散人群
S002	安检漏检率	＜0.1%	橙色：0.1%~0.5% 红色：＞0.5%	根据抽检结果计算漏检率达到预警值	橙色预警：加强抽检和人员监督； 红色预警：全面复查安检流程和设备

状态更新

风险编号	最近评估日期	管控措施执行情况	风险等级变化
S001	20××年×月×日	高峰时段执行良好，未出现拥堵	无
S002	20××年×月×日	安检设备正常，本周人员培训完成	无

图 4.6.2　某车站风险管控看板样例

②注重实用性。风险管控看板的设计应紧密结合铁路单位实际工作需求，避免过于追求形式而忽视实用性，确保风险管控看板能够为风险分级管控提供切实有效的支持。

③保证数据准确性。风险信息数据是风险管控看板的核心，必须建立严格的数据收集、录入、审核机制，确保数据的准确性和可靠性，否则会导致风险管控看板失去参考价值。

④强化安全保密意识。风险管控看板中可能涉及一些敏感的风险信息和业务数据，应加强安全保密管理，规避涉密相关内容，防止涉密信息泄露。

4.7　重大风险管控

重大风险应当由铁路单位主要负责人组织制定管控措施,健全人防、物防、技防手段;涉及多家铁路单位的重大风险应当由其共同的上一级单位、企业统筹制定,铁路建设工程的由工程建设单位统筹制定。

4.7.1　辨识重点

(1)全面排查风险点

组织人员全面检查铁路机车、车辆、线路、桥梁、隧道、车站、信号系统、供电系统等可能的风险点。例如,检查线路是否存在严重磨损、腐蚀,桥梁结构是否有裂缝、变形等安全隐患。

(2)分析历史数据

回顾过去发生的铁路安全事故和故障记录,分析事故发生的原因、地点、时间等因素,找出具有重复性或潜在重大影响的危险源。例如,某些路段因恶劣天气导致的事故频发,就需将恶劣天气下的风险作为重点关注对象。

(3)评估环境因素

考虑铁路沿线的自然环境和社会环境,例如,是否经过地震带、洪水多发区、人口密集区等,进一步评估这些环境因素可能给铁路运营带来的风险,例如,经过泥石流易发区的铁路区段,就存在泥石流掩埋线路的重大风险。

4.7.2　管控重点

作为重大风险进行管控的,必须采取专项管控措施,主要包括以下内容。

(1)制定管控措施

建立完善安全管理规章制度和安全操作规程,并采取有效措施保证其得到执行;建立健全安全监测监控体系并保证其有效性和可靠性;明确关键装置、重点部位的责任人或者责任机构,定期开展安全生产状况检查,及时消除事故隐患;以岗位风险及防控措施、应急处置方法为重点,强化员工教育培训。

(2)专项动态监测预警

重大风险应当制定专项动态监测计划,明确预警条件,采取有效措施实施超前预测、动态监测、主动预警,动态更新监测情况,每年开展风险管控措施评估改进,监测评估情况单独建档。重大风险进入预警状态的,应当立即发出预警,通知相关管理和作业人员,采取针对性应急措施。

(3)设置警示标志

对存在重大风险的工作场所、岗位和设备设施,应当设置明显的警示标志,标明重大风险危险特征、可能发生的事件后果、安全防范和应急措施。

(4)报告监管部门

铁路单位将本单位重大风险的登记、预警和等级调整等信息按照管辖原则及时报告所在地铁路监管部门、其他负有安全监督管理职责的部门或地方人民政府相关部门。

(5)风险等级调整

重大风险等级降低或解除须经单位主要负责人组织评估。

(6)制定《重大安全风险管控方案》

内容应当包括可能引发重特大事故的重大风险清单、管控措施、责任单位和责任人、时限、技术、物资资金、应急处置措施等内容。主要负责人组织实施《重大安全风险管控方案》,人员、技术、资金应满足要求,确保重大风险管控措施落实到位。

(7)应急处置

重大风险管控措施中应当包含专项应急措施。

4.8 风险分级管控培训考核

铁路单位应将风险基本情况、管控措施和应急处置等纳入本单位安全生产教育培训和应急演练,严格关键岗位人员的风险意识和专业技能水平培训考核。

铁路单位应对重大风险影响区域的本单位从业人员组织开展安全防范、应急逃生避险和应急处置等相关宣传、培训工作,定期组织应急演练,并将相关情况告知影响范围内的其他单位和人员。

在全员、全过程知悉风险分级管控的管控要点、职责、注意事项等信息后,实施风险管控措施落实考核,将风险分级管控落在实处。铁路单位应结合现有考核制度,建立健全风险分级管控考核制度,结合本单位领导干部考核规定、日常监督检查、设备检查周期等规章制度要求,组织人员定期开展风险管控工作开展情况和管控效果考核。

4.9 风险评估报告

4.9.1 起草风险评估报告

风险评估报告是整个风险辨识评估工作的记录,根据本单位安全生产实际,结合搜集资料、社会调研的结果及工作会议的讨论意见,初步识别危险源,辨识评估风险,制定防范化解风险措施、应急处置措施等。编制风险评估报告初稿,一般包含以下几个方面,铁路单位参考编制。

(1)引言

结合铁路单位安全生产实际,阐述铁路行业背景,点明因铁路发展带来的风险挑战,强调风险评估保障铁路安全运营的重要性。明确全面辨识风险、评估等级、制定管控措施等评估目的。界定铁路基础设施、运输设备、运营管理、人员、沿线环境等辨识评估范围。

(2)组织机构

参与本次风险辨识评估工作的人员组成、分组情况及各自职责。

(3)风险辨识评估范围

本次风险辨识评估范围及所需收集的资料清单。

(4)铁路系统概述

铁路单位根据辨识对象按需编写,剖析本单位系统构成,介绍基础设施、运输设备、信号与通信系统、运营管理系统等各部分及其作用;阐述铁路运营大运量、长距离、高速度、连续性强等特点与风险的关联。分析辨识对象的生产系统概况、主要灾害、设施设备概况、主要任务信息等基本信息。

(5)风险辨识

详细说明运用的头脑风暴法、故障树分析法、检查表法、历史数据分析法、专家访谈法等辨识方法及实施过程,将辨识出的风险进行分类,结合风险产生的原因、伴随的状况以及具体的状态对风险进行分析,辨识涉及的危险源,描述各风险的具体表现,为风险评估做好准备。

(6)风险评估

结合风险辨识内容,采用合理的风险评估方法,介绍定性评估采用的风险矩阵法、德尔菲法,说明定量评估运用的故障树分析法、层次分析法,给出综合定性与定量评估得出的结果,对风险进行评估,确定风险等级,编制风险管控清单。

(7)结论与建议

总结风险辨识评估成果,强调本单位风险的复杂性及综合管控的必要性,针对不同类型风险提出具体建议。

4.9.2 起草报告注意事项

(1)引言

紧密围绕铁路行业实际发展态势,结合铁路建设里程持续增加、新技术不断应用等具体变化数据,突出风险挑战的紧迫性,清晰阐述风险评估的必要性。评估目标应具体、可衡量。例如,明确要将某类风险发生概率降低到一定数值或将风险影响程度控制在某个范围,为后续评估工作和管控措施制定提供清晰指引。要细致全面地界定评估范围,不仅要涵盖本单位系统各组成部分,还需明确各部分所涉及风险的具体边界,避免评估过程中出现范围模糊或交叉不清的情况。

(2)铁路系统概述

对铁路系统各组成部分的描述要精确无误,不仅要阐述其基本功能,还需说明各部分之间的相互关系和协同机制,介绍本单位涉及的其他专业单位工作关系。例如,详细解释信号系统如何与机车车辆、运营管理系统配合保障行车安全,介绍工务系统如何与电务系统、车务系统配合保障行车安全。在阐述铁路运营特性时,紧密结合危险源进行分析,例如,大运量、列车晚点等特点可能导致车站客流疏导风险,列车高速运行对设备可靠性和人员操作精准度提出更高要求,从而引发相应风险。

(3)风险辨识

根据铁路系统特点和实际情况,合理选择风险辨识方法。不同方法有其适用场景,例如,头脑风暴法适用于广泛收集创意性危险源,故障树分析法更适合分析复杂事故因果关系。使用时要详细说明方法实施过程和结果,确保可信度。全面挖掘各类危险源,避免遗漏。除设备、人员、施工等常见风险外,还要考虑如反恐安全、人为破坏等特殊情况;环境风险要关注气候变化形式的新风险;技术风险不能忽视行业技术发展趋势带来的潜在风险。

(4)风险评估

铁路单位结合本单位安全生产实际,制定定性、定量的风险评估指标、等级划分标准。定性评估要确保风险等级划分标准明确、合理,各等级描述准确且具有区分度。定量评估要保证数据来源可靠,计算方法科学。可以将定性与定量方法结合使用,相互验证评估结果,提高准确性。详细阐述数据收集渠道、专家选取标准、模型构建原理等评估过程,让读者能够理解评估结果的得出过程,增强报告的可信度和说服力。

(5)结论与建议

基于评估结果,客观总结本单位风险状况。明确指出主要风险及其等级,避免主观臆断或夸大、缩小风险程度。针对不同类型风险提出的建议要具有针对性和可操作性。例如,风险管控建议要明确规定设备维护周期、人员培训内容和考核标准。环境风险应对建议要结合实际地理环境和铁路运营特点,制定切实可行的保障措施。

4.9.3 风险评估报告作用

(1)风险全面辨识与认知

全面、系统地挖掘和梳理铁路基础设施、设备、人员、环境、管理等方面存在的风险、危险源、风险点,让铁路单位全体人员全面认知本单位安全生产过程中可能面临的风险。详细分析每种风险的性质、可能发生的条件和触发因素等,帮助铁路单位准确把握风险的本质特征，为后续的风险应对提供精准的依据，例如，通过分析不同路段地质条件，明确哪些区域可能存在山体滑坡风险以及发生的季节性风险特点等。

(2)风险量化与分级

运用科学的评估方法，量化分析辨识出的风险，确定其发生的可能性和可能造成后果的严重程度，评估风险分级。帮助铁路单位清晰地了解本单位存在风险的等级，通过等级对比，确定优先管控的高等级风险以及可以采取较为常规管理措施的低等级风险。风险量化的结果可以为决策提供具体的数据支持，例如，在考虑是否对某段铁路线路进行升级改造时，风险量化数据能帮助决策者直观地看到改造前后风险水平的变化，从而更科学地评估改造的必要性和紧迫性。

(3)指导风险管控措施制定

根据风险辨识评估结果，能够为每一种风险制定出具有针对性的管控措施。通过风险评估，明确不同风险对本单位安全生产的影响程度和优先级，可以将人力、物力、财力等资源合理分配投入到最需要的地方，提高资源利用效率，避免资源的浪费和管控不到位。对于风险等级较高的关键部位、区域或环节，可适当增加资金投入，用于加强工程建设质量和安全防护措施；对于风险等级较低区域，则可以合理控制资金，实现资金的优化配置。根据风险评估结果，铁路单位可以合理安排人力资源，在风险等级较高的岗位或时段，配备更多经验丰富的工作人员；可以根据风险情况，提前储备应急物资，合理安排设备检修资源，科学合理调配物力资源。

(4)保障安全运营

铁路单位可以根据报告内容，制定针对性的安全管理制度和操作规程，加强设备维护保养和人员培训，采取工程措施、监测预警技术，从而有效降低事故发生的概率。风险评估报告预判可能发生的各类风险事件，指导铁路单位制定相应的应急预案，当风险管控措施失效或发生事故时，能够为应急救援人员提供准确的应对策略，帮助快速、有效地开展救援工作，减少事故损失。

(5)满足法规与监管要求

铁路行业受到严格的法律法规和监管要求的约束，风险评估报告是安全生产合规性的重要证明文件，通过风险评估报告来证明本单位已经进行了全面的风险评估和管理，履行了法定的安全管理职责，从而满足法律法规和监管要求。

(6)增进沟通与协调

在铁路工程建设、运输组织、设备维修等铁路安全生产实施过程中，涉及多个部门和专业团队，风险评估报告为各部门提供统一的风险信息平台，使大家能够清楚了解工作存在的风险及其对本部门工作的影响，从而更好地进行沟通协作，共同制定风险管控措施。

(7)知识传承与经验积累

作为铁路管理的重要文档,风险辨识评估报告记录了风险辨识、评估和管控过程中的所有信息和经验教训,提供宝贵的参考资料。可以通过分析研究大量风险评估报告,总结出行业内普遍存在的风险和有效的管控措施,促进全行业风险管控水平的提升。

4.10 风险辨识评估示例

以地震风险辨识评估为例,缅甸木姐至皎漂铁路项目是泛亚铁路西通道重要组成部分,按中国铁路标准建设,线路自东北部木姐口岸,向西南经掸邦、曼德勒省、马圭省、若开邦至皎漂港,正线全长约868km,设计行车速度为160km/h,预留200km/h条件,沿线地形、地质条件复杂,根据中国复杂艰险山区铁路建设经验,"全面辨识地质灾害风险、采取措施规避地质灾害风险、采取措施防控地质灾害风险、对潜在地质灾害进行监测预警"是工程设计环节十分重要的工作,在可行性研究阶段,即需开展地质危险源初步辨识和风险控制工作,以达到降低地质风险、提供减灾选线依据目的。

沿线地质风险的影响因素主要有地形起伏、地层岩性分区、新构造运动及地震活动等,地质风险辨识评估情况见表4.10.1。

地质风险辨识评估情况表　　表4.10.1

<table>
<tr><th rowspan="2">危险源</th><th rowspan="2">辨识特征</th><th rowspan="2">风险事件</th><th colspan="3">风险评估</th></tr>
<tr><th>发生概率</th><th>严重程度</th><th>风险等级</th></tr>
<tr><td rowspan="3">活动性断裂及高烈度地震</td><td rowspan="3">区内胶梅断裂、滚弄断裂、实皆断裂为晚更新世至全新世以来活动断裂,邦帕曼断裂、腊戌断裂、谷特断裂、若开山东缘断裂、若开山西缘断裂为早、中更新世活动的断裂,其中,滚弄断裂两盘相对位移以左旋走滑为特征,长150km,走向70°~90°,倾向南东,倾角50°~80°,糜棱岩化强烈,压碎现象普遍,断层泥中片理化发育,断裂带地下水丰富;胶梅断裂两盘相对位移以左旋走滑为特征,总体走向70°~80°。倾向南东或北西,倾角50°~80°。强烈的挤压错动形成了大量的糜棱岩,破碎带宽数十米至数百米;实皆断裂是一条区域上延伸达上千公里的深大断裂,两盘相对位移以右旋走滑为特征,走向近南北向,地表多被土层覆盖。活动断裂和阿拉干海岸俯冲褶皱影响区,易发强烈地震</td><td>全新世断裂活动引起桥梁基础或结构破坏</td><td>可能发生~频繁发生</td><td>很严重</td><td>重大风险</td></tr>
<tr><td>隧道穿断裂破碎带,施工易发塌方、突水(泥)、围岩变形</td><td>可能发生~频繁发生</td><td>严重</td><td>较大风险</td></tr>
<tr><td>砂土地震液化引起桥梁、路基基础沉陷</td><td>偶然发生~可能发生</td><td>严重</td><td>一般风险</td></tr>
</table>

续上表

危险源	辨识特征	风险事件	风险评估		
			发生概率	严重程度	风险等级
斜坡变形及泥石流	掸邦高原区和若开山区，地形切割强烈、岩体破碎还是降雨丰沛区，在重力和水力作用下，不同规模的滑坡、崩塌、危岩落石等斜坡变形病害发育，局部易发暴雨型泥石流	斜坡变形和泥石流对桥梁、路基、隧道进出口等工程造成冲击、毁损、掩埋等	可能发生～频繁发生	严重	一般风险
岩溶	沿线碳酸盐岩分布于掸邦高原区（木姐—曼德勒段），地层主要为晚古生代地层灰岩夹白云岩，岩溶中等～强烈发育，地表溶痕、溶沟、溶槽、溶洞、溶蚀洼地、落水洞等岩溶形态发育	隧道工程易发涌水、突泥、坍塌、地表环境水漏失等风险事件	可能发生～频繁发生	严重	一般风险
		路基、桥梁地基岩溶塌陷	偶然发生～可能发生	严重	一般风险
高地应力	场区地处印巴地块与青藏印支地块的汇聚缝合带，区域褶皱、断裂、活动断裂发育，地质构造复杂、总体地应力较高，断裂带、褶皱核部等构造部位地应力可能更高	以灰岩、白云岩等硬质岩为主的掸邦高原区，深埋隧道易发生岩爆；以软质岩为主的若开山区，深埋隧道容易发生软岩大变形	可能发生	严重	较大风险
软土及膨胀土	软土主要分布在腊戌盆地、西保盆地、伊洛瓦底江发地及孟加拉湾游岸带等地区，具含水率高、压缩性大、塑性高、强度低等特性；震旦纪-寒武纪和晚古生代，碳酸盐岩地区风化残积的红黏土、晚第三纪残积土及全风化层具膨胀性	路基、桥梁工程基础易发生沉降、失稳、开裂、变形等风险事件	可能发生	较大	一般风险
地下温（热）泉	沿滚弄断裂带近东西向有多处温泉出露，水温37～45℃，并有高压气泉喷发	线路以隧道工程通过，可能遇中高温热害及高承压水涌突水害	可能发生	严重	较大风险
	沿邦帕曼断裂、腊戍断裂、昔卜南康景断裂等构造带发育有温泉，水度30～58℃	线路以路基和桥梁通过，无热害风险事件	极不可能发生	较大	低风险

第5章

隐患排查治理流程和方法

根据《铁路安全风险分级管控和隐患排查治理管理办法》要求，铁路单位须健全并落实隐患排查治理和建档监控等制度，建立逐级考核机制，推动全员自主开展隐患排查，做到责任、措施、资金、时限、预案"五到位"，实现隐患排查、登记、评估、报告、监控、治理、销号的全过程记录和闭环管理。铁路单位应当积极应用信息化、智能化技术手段和安全性能水平高的新工艺、新材料、新技术和新装备，以减少和消除隐患。

在双重预防机制理论架构下，隐患排查治理是预防事故的第二道防线，旨在及时发现并治理因管控措施弱化、失效、缺失等出现的隐患。铁路单位对照风险管控清单（库）中的管控措施和标准、规程要求，制定符合企业实际的隐患排查治理清单，实施全员隐患排查治理，推动风险分级管控和隐患排查治理一体化管理。

5.1 隐患排查治理基本知识

5.1.1 隐患排查治理基本流程

隐患排查治理是对安全生产过程中人的不安全行为、物的危险状态、环境的不安全因素、管理上的缺陷等因素导致的风险管控措施弱化、失效、缺失等开展排查活动，主要分为制定排查计划、开展隐患排查治理、隐患等级评估、分级治理、验收评估、销号等闭环管理活动，基本流程见图5.1.1。

（1）制定计划

根据铁路线路、设备设施、作业过程、沿线环境等实际情况和运行特点，制定详细的排查周期、区域、设备等隐患排查治理计划，区分高速铁路和普速铁路检查周期，适当加密旅客列车、汛期防洪重点地点、高低温季节和春暑运期间的设备设施检查周期。

（2）现场排查

组织专业部门和人员，按照预定计划和标准，检查铁路线路、桥梁、隧道、车站、信号设备、供电设备、机车车辆等设备设施。利用人工巡查、设备检测、智能监测等多种手段，通过日常巡查记录、设备运行数据监测、故障报告、员工反馈、乘客投诉等多种渠道，及时发现铁路设施设备以及铁路沿线环境存在的隐患。

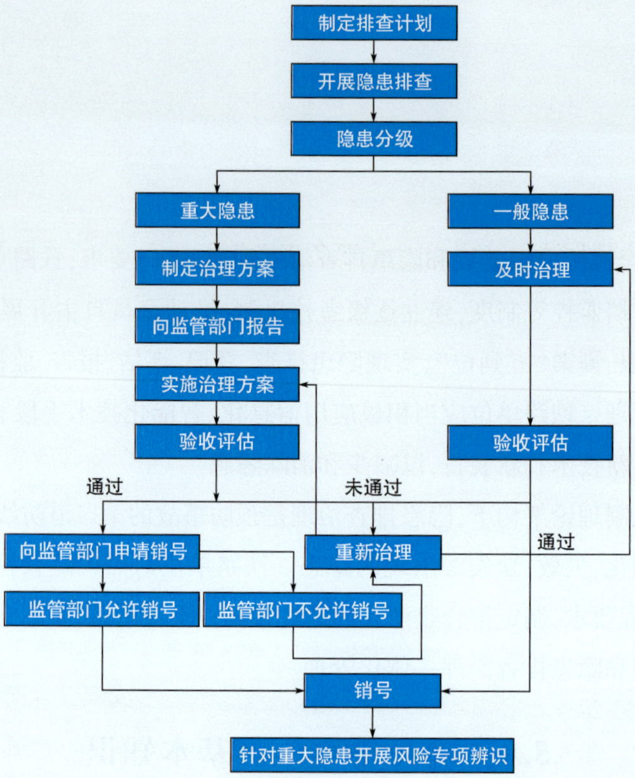

图 5.1.1　隐患排查治理基本流程图

整理分析排查过程中获取的各种数据和信息，形成隐患排查报告。报告应包括排查的基本情况、发现的隐患、隐患的危害程度、初步的整改建议等内容。

(3)隐患评估

评估排查出的隐患，确定隐患的等级，并根据隐患的分级和风险评估结果确定隐患治理的优先级，以便优先处理重大隐患以及对应风险等级较高的一般隐患。

(4)隐患治理

按照隐患的类型和级别，制定针对性的治理措施和方案。明确治理责任部门、责任人、治理期限和治理目标，及时组织实施隐患治理工作，确保隐患得到有效消除或控制。治理方案应明确治理的目标、措施、责任人、资金预算、治理期限等内容。对于一些技术难度较大或需要较长时间治理的隐患，可采用分步实施的方式。定期检查治理工作的进展情况，跟踪监督治理工作的进度、质量、安全等情况，及时发现和解决治理过程中出现的问题。

(5)信息管理与报告

经排查判定为重大隐患后，铁路单位应当及时向铁路监管部门、有关地方人民政府报告；涉及其他相关行业部门的，应当同时按照有关规定报告。按照铁路行业要求向铁路监管部门和相关上级单位报告隐患排查、治理工作情况，包括隐患排查治理计划执行、销号情况，以及重大隐患报告、治理情况等。

(6)验收销号

隐患治理完成后,组织相关专业人员进行验收评估,检查和测试治理效果,确保隐患得到彻底消除,使设备设施恢复正常运行状态。

一般隐患整改完成后,应当由铁路单位负责人或其派出机构负责人、安全生产管理人员组织验收,出具整改验收结论,并由验收主要负责人签字确认。

重大隐患治理完成后,铁路单位应当成立隐患治理验收组进行专项验收。隐患治理验收组组长为铁路单位主要负责人,成员由企业结合实际情况进行细化。治理验收应当根据隐患暴露出的问题进行全面评估,出具治理验收结论,并由组长签字确认。重大隐患治理验收通过后,铁路单位应将验收结论向铁路监管部门报告,并申请销号。

委托第三方服务机构进行专项验收的,隐患治理验收组要对专项验收结论进行确认。

5.1.2　隐患排查治理各方职责

隐患排查治理强调各方自主自发参与,实现多方共治。铁路单位隐患排查可将责任层级分为负责人、部门、车间、班组等。将隐患排查工作按责任层层严细分解,以隐患排查岗位直接责任人自查为主、间接责任人协查为辅,通过主管部门管理人员督导检查,安全职能部门管理人员监督检查,确保层层落实。各级管理人员和现场作业人员均负有隐患排查治理责任,隐患排查治理责任应纳入各级管理人员和作业人员的安全生产职责中。

铁路单位将生产经营项目、场所、设备发包或出租的,应当与承包或承租单位签订安全生产管理协议。在协议中要明确各方对发包或出租的场所、设备隐患排查、治理和防控的管理职责,并对承包或承租单位使用场所、设备的隐患排查治理负有统一协调和监督管理职责。铁路单位不得向不具备安全生产条件或者相应资质的单位和个人发包项目或出租场地。

5.1.3　隐患排查治理基本原则

利用日常检查、定期排查、专项排查、安全检查、季节性和关键时期排查等方式,高度关注铁路重大、较大风险管控措施以及易发、发多、惯性隐患,越高等级风险越要加强隐患排查治理。采取有效手段,从源头、流程、岗位、环节、场所等方面,重点排查管理过程质量控制、作业过程落实标准、风险管控措施量化指标等风险苗头、隐患征兆。及时发现隐患,尽早治理。开展事故及故障分析、安全信息追踪分析、安全评估结果倒查,通过安全结果、管控效果倒向追溯隐患排查治理。积极推广应用信息化、智能化技术手段和安全性能水平高的新工艺、新材料、新技术和新装备,以科技创新服务安全生产,减少和消除隐患,提升本质安全水平。

5.1.4 隐患排查治理基础保障

(1)制度与机制建设

铁路单位制定完善的隐患排查治理制度,明确排查的范围、内容、方法、周期,以及治理流程、责任划分、资金保障等具体要求,使隐患排查治理工作有章可循。结合以往的工作内容,将其纳入日常安全生产管理工作中,形成常态化的隐患排查治理工作机制,确保工作的持续性和稳定性。建立隐患排查治理的激励约束机制,对工作成效显著的部门和个人给予奖励,对工作不力的进行问责。工务、电务、供电、车务、车辆、供电、房建等各专业单位间要建立协调联动机制,加强信息共享和沟通协作,形成隐患排查治理的工作合力。

(2)人员与培训

配备足够数量,具有铁路专业知识和实践经验、熟悉铁路设备设施运行原理和操作规程、能够准确识别和判断隐患的专业技术人员和检查人员。定期组织参与隐患排查治理人员开展安全培训和技能提升教育,使其了解最新的安全标准、排查技术和治理方法,提高隐患排查治理的能力和水平。培训内容应包含安全生产法律法规、铁路行业规章制度、隐患排查治理标准和流程、安全风险管控等方面。

(3)排查工作实施

隐患排查要涵盖铁路线路、桥梁、隧道、车站、信号、供电、通信、机车、车辆等所有与铁路运输、工程建设、装备制造维修等设备设施和场所,确保不留死角和盲区。突出长大桥梁和隧道、高陡边坡、山区铁路、道岔设备、供电设备、信号设备、制动设备等关键部位和薄弱环节排查,运用轨道检测车、探伤仪、无人机巡检等先进的检测技术和设备,结合人工巡查,提高隐患排查的准确性和效率,全方位、多角度检查设备设施,确保及时发现隐患。

(4)隐患治理

对于排查出的隐患,对照重大隐患判定标准,确定隐患等级。根据隐患等级和风险等级,制定并采取相应的治理措施。能立即整改的要当场整改,不能立即整改的要制定详细的治理计划,明确治理责任人、期限和措施,确保隐患得到及时有效的治理。隐患治理工作必须严格按照相关标准和规范进行,确保治理质量。加强治理质量监督和检查,验收治理效果,确保隐患得到彻底消除,使设备设施恢复正常运行状态。在隐患治理过程中,始终把安全放在首位,制定并落实安全防护措施,确保施工人员和铁路运输的安全。对一些可能影响铁路正常运输的隐患治理工作,要合理安排施工时间,尽量减少对运输生产的影响。

(5)信息管理与记录

建立铁路隐患排查治理信息系统,采取信息化管理方式,记录隐患的发现、登记、评估、治理、验收、销号、分析等全过程信息,实现隐患信息的实时共享和动态跟踪,提高工作效率和管理水平。详细记录隐患排查治理工作中的排查时间、地点、人员、隐患内容、隐患等级、治理情况、复查情况等信息,形成完整的档案资料,以便日后查阅和分析。定期分析隐患排查治理数据,总结隐患发生的规律和特点,找出安全管理中的薄弱环节,为制定针对性的安全措施和决策提供依据。

(6)隐患督办

建立健全隐患督办制度,明确督办责任部门、责任人。督办未按规定时限完成治理、验收未通过的隐患,定期通报治理进展情况,逐级上报备案,整改难度较大的可分阶段细化治理措施。督办部门定期汇总督办隐患治理工作落实情况,公布督办项目和销号情况,督促牵头治理部门和治理责任单位落实隐患治理方案,及时协调解决治理工作中存在的问题,督促按期整改。

5.1.5　隐患排查分类分级

铁路单位应当建立隐患日常排查、定期排查和专项排查工作机制,结合本单位风险及管控情况,明确隐患排查的责任部门和人员,以及排查范围、程序、频次、统计分析、效果评价、评估改进等要求,组织安全生产管理人员、工程技术人员和其他人员排查本单位的隐患。隐患排查可与风险辨识统筹开展,针对排查出的新隐患应当同步开展风险辨识管控。隐患等级分为重大隐患和一般隐患,对排查出的隐患进行评估分级,建立隐患库,按照隐患的等级进行登记,保存隐患排查治理信息档案。

1)日常排查

铁路单位应当结合日常工作经常性地组织开展隐患排查,排查范围应当覆盖日常生产作业环节、生产岗位、设备设施、生产活动区域和外部环境。

2)定期排查

铁路单位应当根据生产经营活动,结合设备特点,按相关规定组织开展涵盖全部铁路生产经营领域、环节的隐患排查。

3)专项排查

铁路单位应当在一定范围、领域组织开展针对特定隐患的排查。

遇到以下情况之一的,应当开展专项排查:

(1)国家或行业监管部门工作部署,如阶段性安全大检查、重要节假日等铁路运输高峰期或者重大活动前等;

(2)季节性、规律性安全生产条件变化,如防汛、防火、铁路设备检查鉴定、冬季施工、春融、开工复工、重点或集中施工作业期间等;

(3)新设备、新技术、新工艺、新材料投入使用,或新建、改建铁路建设工程投入运营前,如关键设施设备更新改造等;

(4)发生典型事故、严重故障或安全事件;

(5)需开展专项排查的其他情况。

5.1.6 隐患排查主要渠道

铁路单位制定隐患自查自治的正向激励措施、职工群众举报隐患奖励制度、隐患治理全员参与机制,鼓励、发动从业人员主动参与排查和消除隐患或不安全因素。鼓励从业人员、社会公众对生产经营活动中隐患治理责任不落实,危及生产经营安全的行为和状态进行投诉或举报。对发现、消除和举报隐患的有功人员应当给予物质奖励和表彰,加大对重大隐患举报奖励力度。同时,积极接受外部安全检查、评价及检测,以第三方视角审视并提升安全管理水平。针对重点区域,实行日常监控,确保关键部位始终处于安全可控状态。定期开展综合检查与专项检查,深入排查潜在风险点,确保安全管理无死角。岗位与班组层面强化日常检查,促进员工自我管理与相互监督,形成良好的安全文化氛围。通过对标检查、专业评估、安全评估、安全生产标准化自评等方式,检查安全管理现状,识别改进空间,不断优化作业流程与标准,提升整体安全水平。

5.1.7 隐患与问题的辨析

(1)定义层面的本质差异

隐患具有隐蔽性、不确定性和可转化性,本质是未被识别的危险源或管控措施弱化、失效的危险源,可能通过特定条件转化为事故。例如,设备腐蚀未达安全阈值时属于隐患,一旦超过临界值则直接引发事故。

问题指已暴露的缺陷或异常,具有显性特征,包含所有不符合标准的情况。例如,违规操作记录、设备参数超标等。即问题包含隐患,也涵盖管理流程缺陷等非直接导致事故发生的危险源。

(2)时间维度的表现特性差异

隐患是当前存在的潜在危险源,可能会在未来转化为事故,需在潜在窗口期内处理。问题是当前或历史已发生的异常,可能在过去、现在已造成影响,根据影响程度确定整改时限。

虽然理论上可以清晰总结隐患和问题的区别,但实践中常常存在对隐患的误判。可概述为三种表现形式:第一种是将历史问题误判为现存隐患,例如,某工务段2024年1月营业线施工未设置现场防护员,2024年1月底已整改完成,这就属于历史问题,此后检查就不应将其视为现存隐患处理;第二种是将管理缺陷等同于隐患,例如,人员培训不足属于管理问题,只有在未持证操作特种设备、未经培训考试合格上岗等特定场景下才构成隐患;第三种是混淆质量与安全的概念,例如,单一钢轨扣件扭矩不足属于作业质量问题,但成段钢轨扣件扭矩不足或扣件失效、缺少才构成隐患。

5.2　隐患排查治理流程

5.2.1　建立隐患排查治理责任制

1)明确隐患排查治理责任

铁路单位是隐患排查治理的责任主体,全面责任管辖范围内的铁路安全生产工作。隐患排查治理责任从最高管理层一直压实到基层的每一个岗位和作业人员,只有每个责任主体都切实履行职责,才能及时发现和治理隐患,筑牢铁路安全防线。以铁路单位站段级机构设置为例,铁路单位隐患排查治理责任参考如下。

(1)主要负责人:全面负责本单位隐患排查治理工作;组织建立健全覆盖全员、全过程、全方位的隐患排查治理责任体系、制度体系和工作机制;确保隐患排查治理所需的人力、物力、财力投入到位;定期听取汇报,研究解决重大事项,检查隐患排查治理工作落实情况;组织开展重大隐患治理、评估、验收;及时向铁路监管部门报告重大隐患以及治理情况。

(2)分管安全负责人:组织隐患排查治理各项工作落实。组织制定年度隐患排查治理工作计划、重大隐患治理方案等;定期组织安全检查,督促各部门、车间落实隐患治理措施;参与重大隐患的治理、评估、验收。

(3)其他分管负责人:组织分管领域内隐患排查治理各项工作落实;参与制定并执行年度隐患排查治理工作计划、重大隐患治理方案等;定期组织安全检查,督促各部门、车间落实隐患治理措施;参与重大隐患的治理、评估、验收。

(4)安全管理部门:归口管理隐患排查治理工作。制(修)订隐患排查治理相关管理制度、流程;组织隐患排查活动,协调跨部门的隐患排查治理;建立隐患台账(库),收集、汇总、分析、统计、上报隐患信息;跟踪隐患排查治理进度和效果;监督检查和考核评价各部门、车间隐患排查治理工作。

(5)其他业务部门:负责本专业领域内隐患排查治理工作;组织开展本部门所辖设备设施、作业场所、人员作业的隐患排查;制定并落实本专业领域内隐患治理措施和计划;及时向安全管理部门报告发现的隐患,特别是重大隐患。

(6)车间、班组:组织开展隐患排查治理工作,及时上报排查发现的所有隐患;能立即整改的隐患现场整改,不能立即整改的采取临时防护措施并上报;配合上级部门落实隐患治理方案和措施;记录隐患排查、报告、治理过程。

(7)一线作业人员:负责本岗位的安全生产责任;严格执行安全操作规程和作业标准;按规定程序报告排查发现的隐患,积极参与隐患治理。

2)隐患排查治理的人力支持

(1)人员选拔与配置。隐患排查人员应具备相应的专业知识和技能、较强的观察力和判断力,能够准确识别潜在的隐患,并具备初步的应急处理能力;隐患排查人员应当优先选拔具有一定铁路工作经验,较为熟悉设备性能和运行状况的人员。隐患治理人员应具备丰富的安全管理经验和组织协调能力,熟悉铁路运输、工程建设、装备制造维修生产流程,了解相关法律、法规和行业标准,能够有效地组织开展隐患治理工作。

(2)人员培训与提升。新入职人员需参加包括法律法规、行业规章制度、安全知识、事故案例分析、排查设备操作方法、隐患排查治理标准和流程等入职培训,经考核合格方可上岗。在岗人员需定期参加业务培训,更新知识技能,提高隐患排查治理能力,培训内容根据法律法规、规章制度、铁路技术发展、设备更新以及新的安全标准要求等及时调整。针对特殊时期或特殊设备开展专项培训,在铁路新线开通前,组织隐患排查人员开展排查要点培训;在引进新设备、新技术时,组织隐患排查治理人员参加设备厂家的技术培训。

3)定责任考核

(1)考核指标设定。隐患排查完成率是考核隐患排查是否按照规定的排查计划和周期完成排查任务。隐患发现率是衡量排查人员发现隐患的能力,通过统计发现的隐患数量与应发现隐患数量的比例来计算。隐患治理率是考核隐患治理工作的推进效果。治理及时率是反映隐患治理是否按时完成,统计按时完成治理的隐患数量与需要治理的隐患总数的比例。事故发生率是考核铁路单位整体的安全管理水平,以一定时期内发生事故数量与作业总量的比例作为指标。

(2)考核方式与周期。日常考核由各车间负责人负责考核本车间隐患排查人员的排查工作执行情况、隐患报告及时和准确程度等日常工作表现。定期考核由安全管理部门负责全面考核隐患排查治理情况,通过查阅工作记录、现场检查、数据分析等方式量化评估各项考核指标。年度考核是结合日常考核和定期考核结果,综合考核所有涉及隐患排查治理工作的人员,可将考核结果作为员工绩效评定、岗位晋升、奖励处罚的重要依据。

(3)奖惩措施。在隐患排查工作中表现突出,发现重大隐患并有效避免事故发生的个人或团队,给予一次性物质奖励和荣誉表彰。隐患排查完成率、隐患发现率、隐患治理率等考核指标连续多个周期名列前茅的个人或团队,在绩效评定中给予加分,并在岗位晋升、培训机会等方面优先考虑。批评教育未按照规定完成排查任务或在排查工作中敷衍了事、漏报隐患的个人或团队,并根据情节轻重扣除一定比例的绩效奖金。因隐患治理不力导致隐患未能按时消除,甚至引发事故的责任人,给予警告、降职、撤职等纪律处分,并根据事故的严重程度追究相应的法律责任。督促连续多个周期考核不达标部门进行专项整改,并约谈部门负责人。

5.2.2 确定隐患排查重点部位

在风险辨识评估基础上,将重大风险、较大风险的风险点确定为隐患排查重点部位。按照国家有关部门发布的重大隐患判定标准、重大危险源辨识标准等要求,研究确定隐患排查重点部位,建立隐患排查重点部位台账,台账格式见表5.2.1。

隐患排查重点部位台账　　表5.2.1

排查重点部位	危险源	风险	易发生事故	排查部门	排查方式/频次

5.2.3 制定隐患排查清单

在风险辨识评估基础上,从人的不安全行为、物的危险状态、环境的不安全因素、管理上的缺陷等方面,梳理危险源、风险管控措施、管控标准,以及设备设施技术标准、安全防护标准要求,特别是重大风险、较大风险的危险源、管控措施必须全面梳理,明确排查类别、排查部位、排查项目、排查标准等,制定基于风险管控清单的隐患排查清单,指导有关人员按照隐患排查清单所列项目全面开展隐患排查。编制清单可以参考本行业的法律法规、技术规范、技术规章、技术标准、质量评定等具体要求,隐患排查清单见表5.2.2。

隐患排查清单　　表5.2.2

排查类别	排查部位	排查项目	排查标准
线路	道岔	尖轨与基本轨密贴	高铁:尖轨尖端至第一牵引点与基本轨间隙不得大于 Xmm
线路	道岔	道岔转辙机转换力	符合设备技术参数要求,无卡阻现象
线路	道岔	道岔扣件紧固程度	扣件无松动,扭矩达到规定标准
线路	道岔	护轨侧面磨耗	高铁:轻伤 Xmm,重伤 Xmm
线路	曲线地段	曲线外轨磨损	磨损量在规定允许范围内,不同的线路标准不同,如普速铁路外轨侧面磨耗不超过 Xmm
线路	曲线地段	曲线超高设置	符合设计要求,误差在 $\pm X$mm 允许范围内
线路	曲线地段	道床状态	道床无翻浆冒泥,石砟饱满、无严重缺失

续上表

排查类别	排查部位	排查项目	排查标准
线路	桥梁结合部	轨道平顺性	高低不超过规定值，不大于 Xmm
线路	桥梁结合部	桥梁伸缩缝	伸缩缝无堵塞、无损坏，伸缩量正常
线路	桥梁结合部	排水设施	排水畅通，无积水，排水管道无破损
线路	铝热焊接头	钢轨内部裂纹	高铁重伤：探伤发现横向、纵向、斜向及其他裂纹和内部裂纹造成的踏面凹陷(隐伤)
线路	铝热焊接头	钢轨头部	高铁重伤：垂直磨耗 Xmm，侧面磨耗 Xmm
信号设备	信号机	信号显示	显示清晰、准确，无错误、模糊显示
信号设备	信号机	安装稳固性	信号机无倾斜、松动，基础牢固
信号设备	道岔控制设备	控制电路电缆	电缆无破损、老化，接头牢固，绝缘性能良好
信号设备	道岔控制设备	道岔表示器	显示正常，准确反映道岔实际位置
供电设备	接触网关节	接触线坡度	符合设计要求，坡度变化在允许范围内
供电设备	接触网关节	电连接	连接良好，无松动、发热现象，电阻值在规定范围内
供电设备	接触网关节	零部件	零部件齐全、紧固，无松动、脱落
供电设备	牵引变电所设备	变压器油温、油位	油温、油位在正常范围，油温不超过 X℃，油位在规定油位线之间
供电设备	牵引变电所设备	高压开关柜绝缘	绝缘电阻符合要求，无老化、破损现象
供电设备	牵引变电所设备	继电保护装置	动作准确、及时，参数设置正确
车辆	走行部	轮对磨损、擦伤	磨损量、擦伤深度在规定允许范围内，如轮对踏面擦伤深度不超过 Xmm
车辆	走行部	轴箱温度、润滑	轴箱温度正常，不超过 X℃，润滑良好，无缺油现象
车辆	走行部	转向架连接部件	连接牢固，摇枕、侧架、弹簧等无裂纹、变形
车辆	制动系统	制动缸	活塞动作灵活，无卡滞、泄漏现象
车辆	制动系统	制动阀	性能良好，制动、缓解正常
车辆	制动系统	闸瓦磨损	闸瓦磨损量剩余厚度不小于 Xmm
站场设施	站台边缘	防护设施	防护栏无损坏、缺失，高度不低于 Xm
站场设施	站台边缘	标识	标识清晰、醒目，位置正确
站场设施	站台边缘	地面平整度	地面无明显坑洼、凸起，高差不大于 Xmm
沿线环境	平交道口	警示标志	信号灯、停车让行标志等齐全、醒目，工作正常
沿线环境	平交道口	栏木	起落正常，能有效阻拦车辆和行人
沿线环境	平交道口	道口路面	路面平整，无破损、塌陷，与铁路轨面高差符合要求

续上表

排查类别	排查部位	排查项目	排查标准
沿线环境	自然灾害——站场区域	站台及站房结构稳固性(针对地震等灾害后)	结构无明显裂缝、变形,主体结构安全
沿线环境	自然灾害——站场区域	站场排水系统	排水系统畅通,无堵塞,排水能力满足设计要求
沿线环境	自然灾害——线路区域	周边山体稳定性	山体无滑坡、泥石流迹象,坡面防护设施完好
沿线环境	自然灾害——线路区域	沿线水位情况(针对靠近河流、湖泊等区域)	水位未超过警戒水位,排水设施能正常应对当前水位
沿线环境	自然灾害——信号设备	信号机房防水、防潮情况	机房无漏水现象,湿度在 $X_1\%\sim X_2\%$ 范围内
沿线环境	自然灾害——信号设备	室外信号设备防雷击装置	防雷击装置完好,接地电阻不大于 $X\Omega$
沿线环境	自然灾害——供电设备	供电线路周边树木距离	树木与供电线路保持安全距离,防止树木倒伏触碰线路,水平距离不小于 Xm
沿线环境	自然灾害——供电设备	牵引变电所防水、防洪情况	变电所内无积水,防洪设施(如沙袋、排水泵等)完好且能正常工作

隐患排查过程中要注意检查以下较普遍存在的隐患:

(1)人的不安全行为

人的不安全行为是造成事故原因中人的直接原因。内容包括:忽视安全,忽视警告,操作错误;人为造成安全装置失效;使用不安全设备;用手代替工具操作;物体存放不当;冒险进入危险场所;攀、坐不安全位置;有干扰和分散注意力的行为;忽视个体劳动防护用品、用具的使用或未能正确使用;不安全装束;对危险物品的接触和处理错误等。

(2)物的危险状态

物的危险状态是造成事故原因中物的直接原因。内容包括:防护、保险、信号等装置缺乏或有缺陷;设备、设施、工具、附件有缺陷,技术状态不良;劳动防护用品用具缺乏或有缺陷;生产(施工)场地作业环境不良等。

(3)环境的不安全因素

环境的不安全因素是造成事故原因中主要原因。内容包括:外部施工;轻、硬飘物;危树;非法侵占用地;违规存放易燃易爆物品;道路与铁路平交道口;油气管线、线缆等非法穿越;行人上道;泥石流、危岩落石等自然灾害;航道船舶通航;有毒气体;高温、低温环境等。

(4)管理上的缺陷

管理上的缺陷是造成事故原因中管理上的间接原因。内容包括:安全生产教育培训不够;劳动组织不合理;对现场工作缺乏检查或指导错误;未建立健全安全生产管理规章制度和安全操作规程;未建立健全事故防范和应急措施;安全生产费用投入不足,缺陷问题整改不力等。

5.2.4 开展隐患排查

对照隐患排查清单、风险管控措施要求、技术标准、规章制度等,组织开展日常隐患排查、定期隐患排查、专项隐患排查等。如实记录隐患排查情况,经排查有关责任人签认后形成隐患信息档案。结合国内外工作经验,隐患排查方法较多,铁路单位可以结合工作实际选取不同隐患排查方法。以下具体介绍安全检查表及隐患排查方法。

1)安全检查和安全检查表

安全检查是安全管理有效手段之一,是及时发现物的危险状态及人的不安全行为的有效途径,也是消除隐患、防止事故发生的重要手段。开展安全检查工作,要做到有计划、有组织,目标要明确、内容要具体。

为了安全检查工作能够正确、及时地发现并排除隐患,需要一种按系统工程思想进行检查的方法,安全检查表应运而生。安全检查表是交通系统安全分析中一种常用分析方法。其基本任务是发现和查明系统的隐患,监督各项安全法规、制度、标准的实施,制止违章行为,消除危险,预防事故,保障安全。具体来说,安全检查表是为系统地发现设备、装置、环境,以及各种操作管理和组织措施中的不安全因素而事先拟好的问题清单。根据分解和综合系统工程的原理,事先把检查对象加以剖析,把大系统分割成若干个小的子系统,然后确定检查项目,查出不安全因素所在,以正面提问的方式,将检查项目按大系统或子系统的顺序编制成表,以便进行检查和避免漏检查,这种表就叫安全检查表。安全检查表基本格式见表5.2.3。

安全检查表基本格式　　表5.2.3

检查时间	检查单位	检查人	检查部位	整改负责人
序号	检查项目	检查结果		整改措施
		是	否	

安全检查表不是检查项目的一本流水帐，也不是所有隐患的罗列，而是通过分析、筛选、简化，能发现隐患、查找隐患的一种工具。它针对性强，富有实效，对分析系统的安全状况具有较好的指导作用，因而被广泛应用。实践也证明，安全检查表是进行系统安全检查、预防事故、改善劳动条件的一种重要手段。

2）安全检查表的内容及要求

安全检查表的检查项目应列出所有可能导致事故发生的因素或状态，可以理解为所对应风险的危险源。所列检查项目要系统、全面、完善，检查的项目越全面，检查的地方越彻底，漏掉的隐患就越少，系统的安全性就越高。

安全检查表一般采用正面提问的方式，要求发问明确，回答清楚，并以“是”或“否”来回答。“是”表示符合要求；“否”表示还存在问题，有待进一步改进。例如：“更换钢轨作业连接铜导线的作业人员是否穿戴绝缘鞋、绝缘手套”如果使用了检查结果以“是”回答，否则以“否”回答。每个检查项后面可设整改措施栏，将整改措施简要填写在此栏内。需要注意的是，每个检查表均需注明检查时间、检查人、整改负责人等，以压实各方责任。

为使提出的隐患有依据，可将有关此项隐患的规章制度、规范标准中所规定的要求（含名称和所在章节信息）附于每项提问后面，以便查对。

3）安全检查表的分类

安全检查表的类型繁多，分类的方式不一，绝大多数是按用途分类的。一般而言，常用类型有以下几种。

（1）设计审查用安全检查表。如果在设计时能够设法把不安全因素消除掉，那么安全成效事半功倍。因此，在设计工作开始之前，应为设计人员提供相应的安全检查表。表中还应列出应该遵循的有关规程、标准。

（2）运输设备、机械装置、其他设施定期安全检查表。由于铁路系统是庞大的技术系统，专业复杂、设备繁多，所以应该按客运、货运、房建、工务、电务、供电、车辆、机务、车务等专业，根据设备情况，制定相应的安全检查表，供日常检查或定期检查时使用。

（3）车间、班组及岗位用安全检查表。用于车间、班组及岗位进行定期和预防性安全检查，检查重点是人身、设备、作业过程等人的不安全行为和物的危险状态。

（4）消防用安全检查表。在铁路单位的车站、列车、货场、仓库、油库、宿舍等场所火灾爆炸风险是常见风险之一。因此，在上述要害地点必须建立严格的防火制度，设立必要的消防器材，制定切实可行的具体措施，并经常或定期进行检查，发现隐患及时治理。

（5）专业性安全检查表。由专业机构或职能部门编制和使用，主要用于定期安全检查或季节性检查。例如，对电气设备、锅炉及压力容器、汛期山区铁路、行洪桥梁、隧道口等专业性检查。

4)安全检查表的编制

编制检查表所列项目,应简明扼要、突出重点、抓住要害;各类安全检查表都有其适用对象,不宜通用;各级安全检查项目应各有侧重;对重点部位应详细检查,确保一切隐患在可能造成严重后果之前就被发现;要落实安全检查实施人员;检查中发现问题要及时处理或向上级反映。安全检查表的编制一般采用经验法和分析法。

经验法是聚焦熟悉被检查对象,具有实践经验的施工人员、技术人员、管理人员等组成一个小组,依据人、物、环境、管理等因素的具体情况,根据以往积累的实践经验以及有关统计数据,按照法律法规、规程规章、制度标准等文件的要求,编制安全检查表。

分析法是根据已编制的事故树、事件树的分析、评价结果来编制安全检查表。以分析法编制的安全检查表,其检查项目已在前期通过事故树的定性、定量分析确定,所以检查表较为精练和完善。

安全检查表编制一般包括以下步骤。

(1)确定被检查对象,组织有关人员;

(2)熟悉被分析的系统;

(3)调查不安全因素;

(4)搜集与系统有关的法律法规、规程规章、制度标准等;明确规定的安全要求;

(5)根据具体情况和要求确定编制方法,编制安全检查表;

(6)通过反复使用,不断修改、补充、完善。

安全检查表的实用性体现在以下几个方面。

(1)调查研究和全面分析检查对象,确保安全检查表的系统性、完整性,能避免检查过程中的走过场和盲目性,提高安全检查工作的效果和质量。

(2)安全检查表以有关法律法规、规程规章、制度标准为依据,检查目的明确,内容具体,易于实现安全要求。

(3)逐项检查所拟定检查项目的过程,也是对系统危险源辨识、评价和制定措施的过程,既能准确地查出隐患,又能得出确切的结论,保证有关规定和要求的全面落实。

(4)检查表与有关责任人紧密联系,易于推行安全生产责任制,检查后能够做到事故清、责任明、整改措施落实快。

(5)安全检查表通过问答的形式进行检查,使用简单易行,易于安全管理人员和广大职工掌握和接受。

5)安全检查表的编制示例

安全检查表在交通运输系统的安全生产管理、设备管理、人身安全等方面都有很高的实用价值,在预测、预防事故方面发挥了积极的作用。铁路单位可以结合专业和安全生产实际,针对设备设施、营业线施工、作业流程、沿线环境、应急处置等安全生产全过程，编制本单位相关安全检查表。为方便铁路单位借鉴参考，提供铁路调车作业班前安全检查表示例，见表5.2.4。

调车作业班前安全检查表 表5.2.4

检查单位：×× 检查人：×× 检查时间：×年×月×日 整改负责人：××

序号	检查项目	检查结果		整改措施
		是	否	
1	接班前班组长是否从行动、外表检查了职工的思想、精神状态			
2	接班前班组长是否检查了职工的着装、工具等上岗准备情况			
3	作业前是否召开了安全预想会，并布置了安全注意事项			
4	作业前是否明确分工并强调了作业纪律			
5	是否做到了调车长、提钩组长、铁鞋组长负责全组的安全工作			
6	对危及安全生产的关键因素是否反复强调并对职工进行了布置，做到互相监督确保安全			
7	对饮酒上岗和身体不适的职工是否采取了有效措施			
8	当发现有危及安全的情况时，是否立即采取果断措施及时制止			
9	是否按规定巡视了线路、车辆和货物情况等			

6）检查项目参考示例

为便于铁路单位细化编制安全检查表，能够准确、全面、简练的提出隐患排查的检查项目，参考某铁路单位工作实践，提出春运检查项目示例（表5.2.5），防洪检查项目示例（表5.2.6），营业线施工检查项目示例（表5.2.7）。铁路单位应结合实际情况参考制定检查项目。

春运检查项目示例 表5.2.5

类别	检查项目	检查项点		检查依据
		序号	检查内容	
安全基础	风险隐患	1	铁路行业今冬明春安全生产和自然灾害风险隐患排查整治专项行动部署安排及开展情况	D82
		2	重大事故隐患排查整治情况、管控措施，隐患库管理情况，安全隐患排查整治制度建立及落实情况	D82
		3	风险分级管控制度建立和落实情况，重大风险防范化解情况，风险库管理情况	D79，D80
	设施设备	4	服务场所设置安全设施设备，作用良好	E1-4.1.2
		5	视频监控系统覆盖各服务区域，一般区域录像资料留存时间不少于15d，进站口、出站口、候车室、售票厅等重点目标区域录像资料保存时间不少于90d	A21-32，C7-10，E2-4. ，1，E70-11.2.1
		6	电梯的登记标志、定期检验标志、安全使用说明、安全注意事项和警示标志置于易为乘客注意的显著位置	A16-33，A16-40，A16-43

续上表

类别	检查项目	检查项点		检查依据
		序号	检查内容	
安全基础	人员培训	7	对从业人员进行安全生产教育和培训。未经安全生产教育和培训合格的从业人员，不得上岗作业	A2-28
		8	建立安全生产教育和培训档案，如实记录安全生产教育和培训的时间、内容、参加人员以及考核结果等情况	A2-28
	消防	9	在车站候车室、售票厅及行车公寓等人员密集生产场所进行动火作业，是否制定或者落实安全防护措施	D81
		10	是否有“人员密集场所动火作业安全未进行统一协调管理、违规在使用或营业期间动火作业、涉及动火作业小型工程未备案、未进行内部审批、未持证上岗、违反动火作业‘六必须’”等情形	D81
		11	配置消防设施、器材，设置消防安全标志，并定期组织检验、维修，确保完好有效	A13-16
		12	不得损坏、挪用或者擅自拆除、停用消防设施、器材，不得埋压、圈占、遮挡消火栓或者占用防火间距	A13-28
		13	不得占用、堵塞、封闭疏散通道、安全出口、消防车通道	A13-28
	应急管理	14	低温雨雪冰冻灾害防范应对措施及落实情况	D82
		15	制定突发客流、恶劣天气、设施设备故障、列车晚点、安全事故、恐怖活动等特殊情况下的应急预案，应急预案完善。定期组织应急预案培训演练，配备必要的应急物品	B1-6，B1-61，C7-15，C32-42，C33-20，E1-4.1.1，E1-4.2.2，E2-6.1，E70-6.8，E71-6.8
		16	服务场所设有符合紧急疏散要求、标志明显、保持畅通的出口、疏散通道	A2-42
		17	车站服务区域配备应急照明设施设备，有安全应急疏散标志、通道并相互衔接	E2-4.2.3.1
		18	旅客列车内配有应急照明设施设备	E2-4.3.3
车票实名制管理	范围	19	旅客列车和车站实行车票实名制管理。不属于长途客运的公益性“慢火车”、市域(郊)列车、城际列车和相关车站根据实际情况暂不实行车票实名制管理的，铁路单位应当提前向社会公布并说明理由	C6-5
	公告	20	对外公告在人工售票窗口、互联网、电话等渠道办理各项业务所需的身份证件或者身份证件信息	C6-11
	购买	21	为购票旅客出具实名制车票，车票应当载明旅客身份识别信息	C6-14
		22	为无法出示有效身份证件的旅客提供咨询服务，为公安机关办理临时乘车身份证明提供场所及必要办公条件	C6-16
	查验	23	为车票实名制管理提供必要的场地、作业条件，以及车票查验、身份证件识读等设备	C6-7，E2-4.2.3.2

续上表

类别	检查项目	检查项点		检查依据
		序号	检查内容	
车票实名制管理	查验	24	对车票记载的身份信息、乘车人及其购票时使用的有效身份证件进行核对	C6-17，E70-6.11
		25	设有人工实名查验通道，为老年人、证件无法自动识读、需要使用无障碍通道和其他需要帮助的旅客提供必要的服务	C6-18
		26	经车票实名查验的旅客与未经车票实名查验的旅客分区隔离	C6-20
	票务	27	车票载明发站、到站、车次、车厢号、席别、席位号、票价、开车时间等主要信息	C32-4
		28	保留线下售票窗口或配备自助终端，支持现金支付和凭证打印	F7
		29	人流密集的车站为老年人设立优先购票窗口、专用等候区域或绿色通道，在站内设置清晰、明显的老年人服务提示引导标志，便利老年人出行	F7
		30	人工售票窗口使用双面显示屏幕，实时同步显示售票员操作的售票信息	E2-4.2.3.3
		31	旅客铁路单位提前告知携带免费乘车儿童时，以便其为免费乘车儿童出具乘车凭证	C32-13
		32	车站提供退票、改签服务，为有需要的旅客出具报销凭证	E2-5.2.3
		33	为丢失实名制车票的旅客办理挂失补办手续，且不得重复收取票款和其他不合理费用	A28-815，C32-16
		34	出站口、旅客列车提供补票、车票挂失补办等票务服务	E2-5.7.4、E2-5.8.2
		35	旅客列车变更、停运时通知旅客，并为受影响的旅客提供一定期限内的改签、退票服务	E2-5.2.5
		36	车站设有停止售票时间的提示；检票口设置停止检票时间提示	E2-5.2.2，E2-5.4.4
旅客运输安全检查	基本要求	37	按照法律、行政法规、规章规定，组织实施铁路旅客运输安全检查工作，保障资金投入，制定管理制度，完善作业程序，落实作业标准，确保旅客运输安全	C7-6
	公告	38	在铁路单位网站、车站和列车等服务场所通过多种方式公告“铁路旅客禁止、限制携带和托运物品目录”	B1-66，C7-4，D20，E2-5.3.3
		39	明确旅客随身携带物品的总重量限额，每件物品的重量及尺寸限定，免费携带物品的重量，超限携带物品计费标准，特殊携带物品的相关规定，以及因铁路单位责任导致携带物品损坏、丢失的赔偿标准或者所适用的国家规定等内容	C32-18

续上表

类别	检查项目	检查项点		检查依据
		序号	检查内容	
旅客运输安全检查	安检流程优化	40	不同铁路单位之间应当实现安全检查互认	C7-6
	设施设备	41	车站提供临时存放、专门处置禁限物品的场所，设置灭火器材等相关设施	C7-7
		42	高速铁路车站和普速铁路三等及以上车站配备安全检查仪、通过式金属探测门、手持式金属探测器、液体检测仪、防爆罐、防爆毯等设备	C7-8
		43	在不具备站场封闭条件的乘降所办理乘降作业的旅客列车应当配备手持式金属探测器	C7-8
		44	加强安全检查设备经常性维护、保养，按照规定进行定期检测，保障其性能稳定，运行安全。未经检测合格的安全检查设备不得用于铁路旅客运输安全检查工作	C7-9
	人员要求	45	铁路单位应当在车站和旅客列车根据安全检查需要，配备必要的安全检查人员	C7-11
		46	在配有安全检查仪的车站应当配备值机、手检、处置等安全检查人员。在不具备站场封闭条件的乘降所办理乘降作业的旅客列车，应当配备安全检查人员	C7-11
		47	安全检查人员应当具备禁限物品识别和处置、安全检查设备操作、放射性防护等必要的专业知识，熟悉有关规章制度和操作规程，掌握本岗位的操作技能和应急处理措施	C7-12
		48	从事安全检查的人员统一着装、佩戴安全检查标志，依法履行安全检查职责。严禁非安全检查人员操作安全检查设备	B1-65，C7-13
	现场处置	49	旅客随身携带或者托运的物品因尺寸、形状、重量等原因无法经安全检查设备检查的，应当实施人工检查。人工检查应当在视频监控设备覆盖的场所实施	C7-18
		50	女性旅客由女性安全检查人员进行人身安全检查	C7-19，E2-5.3.2
		51	检查旅客携带或者托运物品时，旅客应当在场	C7-20
		52	对在不具备站场封闭条件的乘降所上车的人员，旅客列车上的安全检查人员应当对其及其携带物品进行安全检查	C7-22
		53	随视力残疾旅客进站乘车的导盲犬应当接受安全检查	C7-24

续上表

类别	检查项目	检查项点		检查依据
		序号	检查内容	
旅客运输安全检查	现场处置	54	铁路单位应当采取有效措施，确保已安全检查区域与未安全检查区域分区隔离	C7-25
		55	车站安全检查中发现旅客随身携带属于禁止随身携带但可以托运的物品，或者超过规格、数量限制随身携带的物品，可以由旅客选择交送行人员带回、办理托运、交车站保管或者自弃等方式处理	C7-30
		56	对旅客提出需要交车站保管的物品，车站应当为其提供保管服务，免费保管期限一般不超过3天	C7-33
		57	旅客列车上发现禁止托运和随身携带的物品，或者超过规格、数量限制随身携带的物品时，应当妥善处置，并移交前方停车站	C7-31
		58	鞭炮、发令纸、摔炮、拉炮等爆炸物品按照规定处理	C7-29
		59	对其他进站人员及其随身携带的物品实施安全检查。对进入车站已安全检查区域内商铺的商品进行安全检查	C7-49，E70-6.10
		60	车站已安全检查区域内和旅客列车上不得销售禁止和超过规格、数量限制随身携带的物品	C7-49
客运设施设备	基本要求	61	运输服务设施设备处于良好的运用状态并正常使用	C33-8
		62	用于为旅客、托运人及收货人服务的站房、空间场地和服务设施设备，不得违规改造或者改变用途	C33-10
		63	在车站、旅客列车等公共场所设置安全标志、导向系统和信息服务系统等设施设备	C32-19
	无障碍	64	按照《无障碍环境建设条例》《无障碍设计规范》（GB 50763）等规定，配备无障碍设施以及助残设备	C33-9
		65	集散厅、候车区（厅、室）、售票厅、行包托取处设有无障碍出入口	E20（12.0.4-12.0.6）
		66	每组自动检票口旁设置人工检票口	E2-4.2.3.5，E20-6.3.2
		67	进站、出站检票口设有净宽不小于0.9m的检票通道，栏杆内、外侧1.8m范围内地面平整	E2-4.2.3.5
		68	人工售票窗口设有低位窗口	E20-12.0.6
		69	候车区（厅、室）配备无障碍厕所或厕位	E2-4.2.3.4
		70	旅客列车无障碍区域供行动障碍者通过的内部门为自动门。自动门开关采用自动感应或按钮激活方式	E69-5.2.2，E69-5.2.3
		71	旅客列车无障碍卫生间设有两个呼叫按钮，一个安装位置距地板面400～500mm之间，另一个距地板面800～1100mm之间	E69-5.11.4

续上表

类别	检查项目	检查项点		检查依据
		序号	检查内容	
客运设施设备	旅客引导	72	进站口、售票处、检票口、出站口、卫生间、饮水处、客运值班室等处设置位置标志	E21-5.4
	电子显示屏	73	进站集散厅或进站区域、售票厅、候车区(厅、室)设置电子显示屏	E2-(4.2.3.2-4.2.3.4)
		74	进站、出站检票口设置电子显示屏或信息板	E2-4.2.3.5
		75	售票窗口屏显示售票窗口编号、窗口功能和工作时间等信息	E2-A.1.7
		76	旅客列车车厢外部的电子显示屏显示列车运行区间、车次、车厢顺号等信息	E2-A.2.1
		77	旅客列车内电子显示屏显示列车运行区间、车次、车厢顺号、停站、运行速度、温度、客户服务电话、安全提示等信息	E2-A.2.2
	候车	78	候车区(厅、室)配置与候车面积相适应的候车座椅,座椅的排列方向有利于旅客通向进站检票口,座椅间走道净宽不小于1.3m	E2-4.2.3.4
		79	候车区(厅、室)设有厕所,干净卫生	E2-4.2.3.4
		80	候车区(厅、室)设有饮水处,能够提供热水(饮用开水),饮水处与厕所隔离设置	E2-4.2.3.4,A1-13
		81	设置独立母婴室,母婴室配有保护哺乳私密性的设施设备,地面防滑,配置婴儿护理台、洗手盆、婴儿床、座椅等设施设备	E2-4.2.3.4,E72-5.5.5
		82	临时性候车区安全可靠,有具备遮挡雨雪功能的设施设备,具备饮水、如厕条件,配备适量座椅	E2-4.2.3.4
		83	售票处、候车区、站台醒目位置设有时钟,且显示时间准确	E2-4.2.1
	站台	84	站台设置雨棚、电铃、站名牌、安全标志及电子显示屏或信息板	E2-4.2.4.2
		85	旅客列车停靠站台全长范围内,距离站台边缘不小于1m处,设置宽度为0.1m的安全警戒线	E2-4.2.4.2
		86	站台两端应设置防护设施设备	E2-4.2.4.2
	天桥地道	87	天桥、地下通道内设置进、出站通道电子显示屏或信息板	E2-4.2.4.1
		88	天桥、地下通道采用坡道时有防滑措施	E2-4.2.4.1
	旅客列车	89	旅客列车车厢有列车运行区间、内外顺号等标志	E2-4.3.1
		90	旅客列车内有饮用水供应设施设备,能够提供热水(饮用开水)	E2-4.3.4
		91	旅客列车内设有厕所和洗脸间,厕所设有扶手,坐便器配有一次性垫圈	E2-4.3.6

续上表

类别	检查项目	检查项点		检查依据
		序号	检查内容	
客运服务	基本要求	92	不得限定、强制旅客使用某项服务或者搭售商品	C32-7
		93	按照有效车票记载的时间、车次、车厢号、席别和席位号运输旅客	A28-820,C32-20
		94	为现役军人、残疾军人,烈士、因公牺牲军人和病故军人的遗属,消防救援人员,以及与其随同出行的家属提供优先购票、优先乘车等服务	C32-21
		95	为老幼病残孕旅客提供优先购票、优先乘车等服务,为老年人和其他需要帮助的旅客提供必要的人工服务	C32-22
		96	视力残疾旅客可以携带导盲犬进站乘车	C32-22
		97	发生旅客急病、分娩、遇险时,积极采取救助措施并做好记录	A28-822,C32-45
		98	车站有服务于重点旅客和急客的通道,并提供优先进站服务	E2-5.3.1
		99	设立电话、网络、信件等投诉渠道并对外公布,配备必要的投诉处理人员并保证投诉渠道畅通,运行良好	C32-47
	信息	100	主动公开运营服务、安全防范、应急处置、权益维护等信息	C31-7
		101	设置信息公开咨询窗口,及时回复社会公众咨询	C31-14
		102	通过车站、旅客列车及其服务设施设置广告的,不得覆盖、遮挡应予公开的信息	C31-16
		103	广播设施设备覆盖各个服务区域,广播以方便旅客旅行生活为主,及时通告列车运行情况,语音清晰,音量适宜	E2-4.1、E2-5.1.2
		104	公布车站运营时间,且覆盖列车经停时间	C32-8,E1-4.3.2
	乘降	105	组织旅客有序候车,提醒旅客对超重、超大物品办理托运	E2-5.4.3
		106	及时组织下车旅客出站,站台无滞留人员	E2-5.5.2
		107	利用电子显示屏、引导标志或人工服务,提示便捷换乘路径,方便中转旅客接续乘车	E2-5.5.3
		108	旅客列车内物品摆放平稳、整齐,车门口和通道畅通	E2-5.7.2
	服务备品	109	提供齐全、干净、整洁的服务备品。旅客列车贴身卧具(被套、床单、枕套)清洁、干燥、无污染,做到一客一换	C32-23 E2-5.7.5
	环境卫生	110	封闭公共空间禁止吸烟	E2-4.1
		111	车站和旅客列车等公共场所应当内外整洁、空气清新	C32-23
		112	旅客列车服务人员定时巡视清洁厕所,保持厕所干净、干燥、无异味	E2-5.7.6
		113	未采用集便装置的旅客列车渡海以及运行在市区、长大隧道、大桥和站停 3min 以上的停车站锁闭厕所;旅客列车中途停车站提前 5min、终到站提前 10min 锁闭厕所,对特殊情况急需使用厕所的旅客提供方便	E2-5.7.6
		114	采用集便装置的旅客列车在吸污或未供电时锁闭厕所,其他时间均不锁厕所	E2-5.7.6

续上表

类别	检查项目	检查项点		检查依据
		序号	检查内容	
客运服务	餐饮	115	全程运行时间超过6h，且包括一次正餐时段(11:00～13:00、18:00～20:00)的列车，提供餐饮服务	E2-5.7.7
		116	不得销售不符合食品安全标准的食品和不合格产品	C32-24 E2-5.1.2
	温度	117	有空调的车站服务区域或旅客列车冬季室内温度在18℃～20℃；无空调的车站服务区域或旅客列车冬季室内温度不应低于14℃	E2-4.2.3.1， E2-4.3.2
	商品及服务	118	车站内和列车上提供的商品及服务规范经营、明码标价、质价相符、信息描述规范、提供发票	C32-24， E2-5.1.2
	客户服务	119	提供24h信息咨询服务，每日7:00～23:00提供人工信息咨询服务	E1-8.2.2
		120	对每件投诉有记录，在接到投诉后3个工作日内答复受理情况，10个工作日内告知实质性处理结果。投诉记录至少保存3年	C32-48， E1-8.2.3
行李运输	行李票	121	行李票载明车票票号、发站、到站、包装、件数、重量、费用、承运时间及旅客的姓名、地址、联系电话等主要信息	C32-33
	场所及设备	122	行李房设置电子显示屏或信息板	E2-4.2.3.7
		123	行李房分别设置行李托运、存放、提取的场所	E2-4.2.3.7
		124	行李房配备衡器、搬运机具等必要的服务设施设备	E2-4.2.3.7
		125	办理高铁快运业务的特大型、大型客站设置综合物流通道，与高铁快运用房、停车区相连	E73-8
		126	通行高铁快运车辆的站台应满足车辆作业要求	E73-9
	包装	127	行李的包装完整牢固、适合运输，包装材料和方式符合国家规定的包装标准和条件	C32-37
	公告	128	行李托运的场所公告行李运输有关规定	E2-5.6.1
		129	明确旅客托运行李总重量限额，每件行李的重量及尺寸限定，超限行李计费方式，是否提供声明价值服务或者为旅客办理行李声明价值的约定，特殊行李运输的规定，以及行李损坏、丢失、延误的赔偿标准或者所适用的国家规定等内容	C32-35
	安全检查	130	行李房配备安全检查设施设备	E2-4.2.3.7
		131	行李托运经过安全、运输条件检查	E2-5.6.2
		132	行李托运手续凭车票和有效身份证件办理	E2-5.6.3
	交付	133	在承诺时限内完好运送行李到站，旅客提取行李时正确交付	E2-5.6.4
		134	行李到站后，及时通知收货人领取，提供不少于3d免费保管服务。逾期到达的行李应当至少免费保管10d。因行李损失或者不可抗力等原因适当增加免费保管日数	C32-40， E2-5.6.5

防洪检查项目示例 表 5.2.6

类别	检查项目	检查依据		检查依据
		序号	检查内容	
防洪管理基础	工作部署	1	防洪组织机构及岗位责任制建立情况(防洪指挥部、防洪组织或防洪抢险队伍设立情况;防洪工作是否由主要领导负责、统一指挥、分工负责,有关部门的职责明确情况)	C19-22,D34-4、12、13、14
		2	各级防洪指挥部汛前防洪工作部署情况(专题会议、确定汛期、电文上传下达、汛前组织开展防洪检查工作、审定重大防洪工程项目情况等)	C19-22,D34-12、13、15
	设备设施观测评定	3	与气象、河道水库、地质灾害等地方管理部门建立协调机制及工作	C19-22 D120-1
		4	线桥基础的技术资料完整准确情况(设备台账、技术图表、秋检秋鉴报告、线桥水害资料、改变主体结构建筑物竣工文件等)	B1-42,D46-5.11.1/2/3/4
		5	防洪水文定期观测情况(观测制度、观测记录、桥梁水文及河道变化情况等)	C19-22,D34-20,D46-5.2.2/3
		6	线桥设备状态评定情况	D46-5.10.1/2
		7	线桥设备整治安排和完成情况	D46-5.10.3/4/5
		8	防雷元件、接地装置、信号电缆绝缘等按规定检测情况	B1-60
隐患排查整治	问题库	9	防洪隐患排查问题库建立和管理情况(隐患排查问题是否制定处理措施、明确期限和责任、按期销号)	A2-41,B12-15,D34-14
	重点处所整治	10	挡墙、护坡、路基排水沟、天沟、吊沟、桥涵、隧道、栅栏、声屏障、风屏障等隐患排查整治情况	B1-43、55,F1-3
		11	山体落石、滑坡、泥石流、岩溶塌陷等地质灾害排查整治情况	D34-16
		12	桥梁航标、桥柱标、桥梁水尺标设置、维护等情况	B1-42
		13	车站站房、机械室、雨棚、天桥、地道等隐患排查整治情况	B1-60,F1-3
		14	电务、供电等行车基础设备设施防洪隐患排查整治情况	D34-16
	违法行为整治	15	安全保护范围内非法开垦种植、挖塘修渠、取土弃土、采空作业等改变既有水路或破坏路基稳定情况	B1-30、55,D34-14
		16	在铁路桥梁跨越处河道上下游规定范围内,违法围垦造田、拦河护坝、架设浮桥、采砂、淘金、疏浚作业等影响桥梁安全情况	B1-37、38、39
		17	在距铁路路堤坡脚、路堑坡顶或者铁路桥梁外侧起向外200m范围内违法设置水井情况	B1-35,E3-19.1.3
		18	铁路沿线水情、库情掌握情况,对发现的铁路沿线水库、河道、江河堤坝、塘坝、储木场及农田水利设施问题处理情况	D34-14、16
		19	铁路沿线危树塔杆排查治理情况	D34-16
	整治资金	20	对防洪隐患、病害安排防洪专项整治资金情况	A2-23,D34-13,16、22
	预抢复旧整治	21	防洪预抢或复旧工程设计、审查、施工组织、计划完成和竣工验收情况	C19-22,D34-13、16、40

续上表

类别	检查项目	检查依据		检查依据
		序号	检查内容	
防洪应急管理	应急预案	22	防洪预案是否包括组织体系、职责、预防预警机制、处理程序、应急保障措施、事后恢复措施等内容	A9-18，C20-9
		23	防洪预案是否根据历年降雨、灾害情况、设备情况、洪水规律和当年的气候预测，制定针对性措施	C19-22
		24	防洪预案是否有相关单位、人员的联系方式以及应急物资储备清单，并保持经常更新，信息准确有效	B1-6，C20-12
	人员培训与演练	25	汛前对防洪关键岗位人员开展防洪教育培训考试情况	A2-28，D34-21
		26	组织应急演练情况	B1-6，D34-18
	应急值班及物资储备	27	是否建立防洪值班制度；应急值班人员是否掌握与地方防汛、气象、水利、国土等部门单位联系方式；是否动态掌握雨情、水情、库情变化；是否及时发布预警信息、报告重要情况、传达工作指示；遇有暴雨预警，领导干部是否带班值守	D34-13、24、33
		28	是否将铁路调度电话纳入地方 110 报警服务台	F7-10
		29	是否备齐防洪抢险物资、机具、车辆，是否能进行定置管理	D34-17
		30	车站、调度室等重要场所是否配备应急电源，是否能正常使用	B1-75
		31	是否与有关企业建立可用于防洪抢险的大型施工机械的联系方式	B34-17
	行车应急措施制定及落实	32	防洪重点地段（Ⅰ、Ⅱ、Ⅲ级）确定、看守及巡守措施制定落实情况	D34-13，D34-16
		33	制定雨量出巡值、线桥限速和封闭警戒雨量（水位）值等警戒措施情况	C19-22，D34-26
		34	对雨情、水情、病险水库和蓄洪区运用信息掌握并及时发布预警情况	D34-13
		35	对Ⅰ、Ⅱ级防洪地点，电务、机务部门是否分别写入 LKJ 基础数据和 IC 卡进行安全提示	D34-25
		36	机车乘务员是否掌握列车运行交路上Ⅰ、Ⅱ级防洪地点；是否按规定执行车机联控以及与Ⅰ级防洪点看守人员进行联控；是否按规定速度运行并加强瞭望，遇到危及行车安全的水害或暴风雨时，按规定采取措施并及时报告	C19-22、298，D34-14、27
		37	气象研判和恶劣天气应对情况以及险情报告后应急处置情况（拦停、报告、检查、限速或封锁、提出列车运行条件等）	D34-28、29、30、31、32

续上表

类别	检查项目	检查依据		检查依据
		序号	检查内容	
设备设施状态	线路基础设施	38	下穿铁路涵洞、侧沟、天沟、吊沟等排水设施疏淤情况	B1-43,F1-3
		39	线路路基、挡墙、护坡、排水设施，是否存在毁坏、破损等影响正常排水情况	B1-55
		40	高铁线路排水设施设置是否符合规定(重点是路堑地段急流槽设置及排水引入桥涵、沟渠等情况)	E3-6.7.6
		41	线路栅栏、声屏障等防护设施基础是否存在冲刷或倾倒;供电、通信、信号等设备基础是否松动;路基上的电缆槽沟设备是否积水	B1-55
	站房和立交设施	42	变配电所、机械室、站房、风雨棚等房屋是否存在渗漏、倒灌现象	B1-60,F1-3
		43	车站地道、沿线立交等是否存在影响通行和安全的积水现象	B1-55、60
	新开通线	44	安全评估报告中涉及防洪的整改落实情况。	B1-15,A1-38,Q52-10、13
	其他设施	45	降雨量、洪水位和桥基冲刷监测设备按规定配备和使用状态	D34-13、20
		46	应急通信设备是否性能完好和安全运行	B1-60
汛期施工	营业线施工	47	汛期营业线施工管理制度(审批、施工方案审查、现场监护、施工前中后放行列车条件等)	B1-16,D26-40,D34-16
		48	施工单位关键岗位培训考试和持证上岗情况	D26-46
		49	营业线施工、建设单位组织设计、施工、监理及设备管理等单位和部门，对施工地段联合进行汛前防洪检查，发现的问题处理情况	B1-16,D26-18、19、40
		50	设备管理单位汛期现场监护情况(营业线施工中是否保持营业线排水系统的畅通，对可能影响营业线路基、桥涵、隧道等设施设备稳定的任何作业，采取安全防护措施情况)	D26-40、49
		51	现场施工方案和度汛措施落实情况	D26-40,D34-16

续上表

类别	检查项目	检查依据		检查依据
		序号	检查内容	
汛期施工	工程施工	52	在建铁路项目施工现场排水设施安全、施工营地防洪管理、防洪应急保障等情况	D34-8
		53	铁路施工队伍的工棚、料场、弃土渣场是否影响营业线防洪安全,是否建在防洪安全地带	B9-28
		54	铁路工程施工现场暂时停止施工的,施工单位是否做好现场监护、防护并设置警示标志	B9-28

注:引用法律法规及文件代码解释如下。

A2　中华人民共和国安全生产法;
A9　突发事件应对法;
B1　铁路安全管理条例;
B9　建设工程安全生产管理条例;
B12　中华人民共和国防汛条例;
C19　铁路技术管理规程(铁道部令 2006 年第 29 号);
C20　生产安全事故应急预案管理办法(国家安全生产监督管理总局令第 88 号);
D26　铁路营业线施工安全管理办法(国铁运输监〔2021〕31 号);
D34　铁路防洪工作管理办法(铁总运〔2017〕8 号);
D120　关于加强铁路自然灾害监测预警工作的指导意见(国铁安监〔2021〕42 号);
E3　高速铁路设计规范(TB 10621—2014);
F1　国务院办公厅关于保障铁路公路等交通运输设施安全的通知(国办发明电〔2005〕第 15 号);
F7　国务院办公厅转发交通运输部等单位关于加强铁路沿线安全环境治理工作意见等通知(国办函〔2021〕49 号);
Q52　新建铁路项目运营安全评估办法(试行)(铁总安监〔2015〕361 号)。

营业线施工检查项目示例　　表 5.2.7

类别	检查项目	检查项点		检查依据
		序号	检查内容	
问题整改	事故教训吸取	1	铁路单位是否认真吸取事故教训,制定的措施是否有针对性	D26
	问题分析整改	2	铁路单位是否对今年以来发生问题进行分析、并追究责任,是否制定整改措施	D26
制度建设	责任制	3	是否建立施工安全生产责任制,并制定和落实考核标准	D26
	规章制度	4	各铁路局、站段是否结合实际,制定铁路营业线施工安全管理实施办法和细则	D26
施工组织	组织协调	5	铁路局、站段是否按规定成立施工协调小组,协调小组是否按规定组织召开施工预备会和总结会。参会人员是否按规定要求参加,施工、维修否按按等级盯控、按计划盯控	D26
	施工计划编制及审批	6	相关部门是否按规定审批施工计划,站段是否存在无计划、超范围施工问题,是否存在施工项目按维修作业进行的问题,临时施工、计划变更是否按规定程序办理	D26

续上表

类别	检查项目	检查项点		检查依据
		序号	检查内容	
施工组织	施工方案审核	7	施工方案是否由施工单位制定，经相关设备管理单位会签后，上报铁路局主管业务处室。Ⅰ、Ⅱ级施工是否分别报Ⅰ、Ⅱ级施工协调小组审定，Ⅲ级施工是否由有关业务处室共同审定。施工方案内容是否完整，包含技术、行车、人身以及突发情况应急处置等措施。施工方案中是否明确盯控干部职责和盯控重点。集中修施工站段是否有专项措施，专项检查队伍，指定专人负责；业务处室是否召开专题会议研究布置，形成会议纪要	D26
	施工等级管理	8	是否未按规定细化施工项目和施工等级，擅自降低施工等级和盯控级别，以及施工组织方式。集中修施工铁路局是否成立集中修协调小组和安全监督队伍	D26
	施工安全协议	9	施工单位与设备管理单位、行车组织单位是否按施工项目分别签订安全协议。安全协议内容是否符合规定	D26
	数据换装	10	LKJ、应答器等基础数据发生变化的，是否按规定程序和要求换装	D26
	邻近营业线施工	11	邻近营业线A类施工，是否纳入铁路局月度施工计划；邻近营业线B类施工是否设置防护设施并经铁路局有关部门审批，不能设置防护设施的是否纳入铁路局月度施工计划。施工单位是否落实审批的施工方案，大型机械管理是否到位	D26
现场控制	施工登销记	12	施工负责人现场准备到位后，驻站联络员是否提前40分钟在《行车设备施工登记簿》申请登记，通过车站值班员向列车调度员申请施工	D26
		13	施工单位是否按照施工调度命令起止时间要求进行作业，并按时完成。是否存在违反规定提前进入作业门、提前上线和提前进行施工准备等问题	D26
		14	是否按规定办理开通销记，作业质量是否良好，人员机具是否下线完毕，并按规定条件放行列车。阶梯提速，设备检查确认制度是否落实	D26
	施工作业	15	施工、维修是否按规定进行干部、工班长现场盯控，施工负责人、带班人是否经过培训、考试、持证上岗。施工负责人是否现场随意变更作业计划、作业内容和带班人、防护员等。集中修施工有关车站，站长（或副主管站长）是否到岗监督作业	D26
		16	施工单位是否提前向设备管理和使用单位进行技术交底。设备单位是否召开预备会、施工技术交底会、班前教育会等。技术交底是否对全体作业人员进行培训和交底	D26
		17	是否严格按审定方案、范围和封锁慢行计划组织施工，是否存在超范围施工作业等问题	D26

续上表

类别	检查项目	检查项点		检查依据
		序号	检查内容	
现场控制	施工作业	18	设备管理单位是否按照配合要求提前派员在现场进行盯控。临近营业线施工,监护人员发现严重安全问题,是否下发问题通知单或停工通知单,站段是否组织分析和约谈	D26
		19	行车部门在非正常情况下是否派人到岗监督作业。施工开通是否执行施工单位、设备管理单位登记开通、车站签认和列车调度员发布开通命令的程序	D26
	汛期施工	20	汛期施工是否保持营业线排水系统的畅通,对可能影响营业线路基、桥涵、隧道等设施设备稳定的任何作业,是否按规定落实汛期联合抢险措施,备足抢险物资和人员	D26
		21	建设单位是否及时组织设计、施工、监理及设备管理等单位和部门,对营业线施工地段联合进行汛前防洪检查,发现的问题是否及时处理	D26
	作业门管理	22	进出作业门是否执行登销记制度,作业负责人在看守点登记上道人数和机具数量,作业结束后看守人员和作业负责人核对确认人员、机具完全撤出栅栏并进行销记	D26
		23	故障应急处置或抢险救援需临时破拆栅栏时,破拆单位是否及时恢复栅栏并在恢复封闭前对栅栏缺口安排专人看守	D26
		24	站内通道门的管理是否制定专项措施,专人管理,各项警示标识是否清晰	D26
	安全防护	25	铁路局、业务处、站段是否制定了上线作业安全防护的相关规定,现场是否落实,防护示意图是否准确,防护规定是否满足现场安全需要,简洁可操	D26
		26	施工和维修作业是否按规定设置驻站(调度所)联络员、防护员。防护员是否按规定携带各种防护备品,防护备品是否状态良好。防护用语是否标准,是否执行3~5分钟联系制度	D26
		27	瞭望不良和通信不畅地段是否建立专项防护办法和措施,台账资料是否齐全。现场是否根据实际设置中间联络员,联系传递方式是否明确	D26
		28	现场防护员是否根据施工作业现场地形条件、列车运行特点、施工人员和机具布置等情况确定站位和移动路径,并做好自身防护	D26
		29	作业现场是否随意变更防护员,防护员站位是否合理,是否坚持瞭望为主,防护员是否参加其他作业,防护员是否及时制止违章上线,是否坚持确认制度和“手比、眼看、口呼”制度	D26
		30	作业过程中,驻站(调度所)联络员与现场防护员是否保持通信畅通并定时联系,确认通信良好。一旦联控通信中断,作业负责人是否立即命令所有作业人员下道	D26

续上表

类别	检查项目	检查项点		检查依据
		序号	检查内容	
现场控制	施工料具管理	31	施工料具是否集中管理,并派人看守。夜间作业工机具是否有反光标志,电气化作业工具是否有防联电措施	D26
		32	施工机具、车辆是否侵限,机械机具状态是否良好	D26
		33	施工结束后,是否做到工完料净场地清,施工机具是否有清点制度	D26
施工考核	计划管理	34	未纳入施工计划的施工项目临时安排施工,纳入施工计划的施工无具体理由擅自变更或取消。是否建立健全繁忙干线施工日分析制度	D26
	安全考核	35	施工和维修天窗兑现率、利用率是否达标,施工延点和安全事故是否按规定考核	D26
人员培训	关键岗位	36	施工负责人、安全员、防护员、联络员、带班人员、工班长及安全监督检查人员是否经过有关部门培训合格,持证上岗	D26
	劳务工	37	施工单位、用工单位对劳务工是否进行施工安全培训、法制教育和日常管理,培训合格后方可上岗	D26
	三新人员	38	对三新(新职、转岗、晋升)人员的安全教育培训、考试覆盖率是否达到100%	D26
安全防范	防范措施	39	营业线施工安全防范措施是否齐全,人防物防技防措施是否得到有效落实	D26
其他	其他			

注:引用法律法规及文件代码解释如下。

D26　铁路营业线施工安全管理办法(国铁运输监〔2021〕31号)。

5.2.5　隐患分类分级

1)按隐患表现形式分类

(1)设备设施隐患主要包括:铁路线路的钢轨磨损、扣件松动、道岔故障;桥梁的结构损伤、基础沉降;隧道的衬砌开裂、渗漏水;信号设备的显示异常、联锁故障;供电设备的接触网断线、供电电压异常等。

(2)作业行为隐患主要包括:作业人员违规操作,例如,司机超速驾驶;错误操作信号设备;施工人员未按规定进行防护就进行施工作业;检修人员漏检漏修等行为。

(3)安全管理隐患主要包括:安全管理制度不完善,缺乏对作业流程、设备维护等方面的具体规定;安全责任不落实,各部门、岗位之间职责不清;安全培训不到位,员工安全意识和操作技能不足等。

(4)沿线环境隐患主要包括:铁路沿线存在山体滑坡、泥石流、洪水等自然灾害隐患;铁路周边有违规建筑、易燃易爆物品存放点;铁路保护区内有人员违法施工、取土、挖砂等行为;作业区域高温、低温、存在有毒气体等。

2)按业务领域分类

(1)铁路运输隐患涉及铁路运输组织、调度指挥、客货运输等环节存在的隐患。例如,未落实防止列车冒进措施、危险货物运输安全管理制度执行不到位等。

(2)铁路工程建设隐患在铁路工程的勘察、设计、施工、监理等过程中存在的隐患,例如,施工现场的安全防护不到位、施工工艺不符合要求、设计存在缺陷等。

(3)铁路设备设施隐患包括机车车辆、线路、桥隧、信号、供电等设备设施本身存在的隐患。例如,设备老化、损坏、性能不达标等。

(4)沿线环境隐患包括铁路沿线一定范围内的自然环境和周边人为活动带来的隐患,以及作业环境存在的危害气体、高温、低温等作业环境条件。例如,沿线山体不稳定、铁路两侧高大设施倒伏可能侵入限界等。

(5)其他隐患是除上述领域外的其他与铁路安全相关的隐患。例如,铁路单位的后勤保障、信息安全等方面存在的影响铁路安全的因素。

3)按隐患的成因分类

(1)人为因素导致的隐患主要包括作业人员、管理人员等的不安全行为、错误决策等引起的隐患。例如,违规操作、指挥失误、安全意识淡薄等。

(2)设备因素导致的隐患主要包括因设备本身的质量问题、老化、磨损、故障等引发的隐患。例如,设备设计缺陷、制造工艺不良、长期使用后性能下降等。

(3)环境因素导致的隐患主要包括自然环境和沿线社会环境、作业环境条件等因素引发的隐患。例如,恶劣天气对铁路设施的破坏,沿线社会企业生产活动对铁路安全的影响,有限空间有毒气体对作业人员健康损害等。

(4)管理因素导致的隐患主要包括安全管理体系不完善、管理制度不健全、管理措施落实不到位等管理方面隐患。例如,安全检查不严格、隐患排查治理不及时等。

4)按隐患可能造成的后果严重程度评估分级

(1)重大隐患的判定依据国务院相关行业部门发布的重大隐患判定标准,铁路单位应依据但不限于铁路、火灾、危化品、应急、自然灾害、工贸、特种设备等国家重大隐患判定标准,通过现场论证、综合判定等方式评估,判定重大隐患。其中,铁路行业重大隐患依据国家铁路局颁布的重大隐患判定标准。

除国务院相关行业部门发布的重大隐患判定标准以外的,铁路单位可以从以下情形判定重大隐患等级。

①违反法律法规、规章制度、行业标准,可能造成严重危害的;

②涉及重大危险源的；

③具有高危作业条件区域10人及以上作业群体的；

④危害程度大或整改难度大，短时间无法整改完成的；

⑤外部因素影响致使本单位无法排除的；

⑥国家、地方有关部门认定的；

⑦铁路单位研判认定的。

（2）一般隐患是除重大隐患外的隐患，铁路单位可以结合安全生产需要，将一般隐患细划分等级，但必须在一般隐患范畴内细化划分，不得在重大隐患、一般隐患分级外违反行业规定自行设置隐患等级。

5.2.6　隐患报告

隐患排查组织人员将排查情况及排查发现的隐患及时告知相关人员。

任何单位和个人发现危及安全生产的隐患或者其他不安全因素，均有责任和义务向安全管理单位、部门和有关单位、部门报告。危及行车安全的应坚持先防护、后报告的原则，采取现场安全防护措施后，向安全生产管理人员、本单位负责人或者列车调度员、车站值班员报告，接到报告的人员应当及时予以处理。发现所报告隐患应当由其他有关部门处理的，应当移交有关单位、部门并记录核备，或向上级主管单位、部门报告。对本层级难以协调整治的隐患，相关单位、部门应书面报告上级主管专业部门。需要上级部门、其他铁路单位或地方政府协调解决的，有关部门或单位应主动采取行文（函）等方式与责任主体位沟通协调，督促制定落实整改措施，并抄报上级主管专业部门。

排查发现重大隐患后，铁路单位按照规定，及时向铁路监管部门、有关地方人民政府报告，涉及其他相关行业部门的应当同时按照有关规定报告，并向职工代表大会或其常务机构报告。

重大隐患报告内容包括：隐患的现状及其产生原因；隐患的危害程度和整改难易程度分析；隐患的治理方案；隐患治理过程。

5.2.7　隐患治理

铁路单位在发现隐患、提出整改方案后，应立即实施整改。对于未采取措施及时消除隐患的单位，铁路监管部门依据《安全生产法》以及铁路行业等相关规定，责令立即消除或者限期消除，给予罚款、停产停业整顿等处理。对于影响和整改难度较大的隐患，整改措施应包括编制方案、组织论证和申请批复方案、尽力减小整改隐患造成的影响、形成整改资料等。

1）分级治理

铁路单位根据隐患的等级实行分级治理，重大隐患由主要负责人牵头治理，一般隐患根据治理难度和涉及范围，确定责任单位（部门）及人员。针对排查发现的隐患，隐患排查责任部门及相关人员应评价隐患导致安全事故发生可能性及事故发生时波及的人员数量及财产损失情况，考虑实际生产状况、可选技术方案以及财务、运行和经营情况评价隐患治理的难度，确定隐患级别，提出隐患治理要求，并对隐患治理结果进行验收。当隐患治理难度较大时，需由铁路单位主要负责人或安全生产管理部门牵头组织责任部门或单位制定隐患治理工作计划或隐患治理方案，督促责任部门或单位实施隐患治理。隐患治理应分析隐患产生的具体原因，重点从技术和管理手段等方面制定治理措施，应包含隐患纠正措施和预防措施，并尽量将措施融入现有的工作程序、标准中，确保持续有效实施。

2）采取治理措施

能够立即治理完成的隐患要及时治理消除，并做好记录；不能立即治理完成的隐患，明确治理责任单位、责任人、治理措施、资金、时限，并组织实施。重大隐患由主要负责人按照责任、措施、资金、时限、预案"五落实"的原则，组织制定专项治理方案并组织实施，将治理方案按规定及时上报。对治理过程危险性较大的可能危及治理人员及接近治理区人员安全的爆炸、坠落、坠物、电击、机械伤人等隐患，应制定应急预案，治理过程中现场有专人指挥，安检员现场监督，并设置警示标识。

隐患治理过程中，铁路单位应当采取相应的安全防范措施，防范发生事故。隐患消除前或者消除过程中无法保证安全的，应当从危险区域内撤出作业人员，并疏散可能危及的其他人员，采取设置警戒标志、停止作业或停用有关设施设备、封锁线路或关闭车站等措；对暂时难以有效实施停止作业或停用有关设施设备、封锁线路或关闭车站等措施的，应当加强监测预警，防止事故发生。发生自然灾害可能危及本单位和人员安全的情况时，应当采取撤离人员、停止作业、加强监测等安全措施，并及时向当地人民政府及其有关部门报告。

（1）重大隐患治理

由铁路单位主要负责人组织制定专项治理方案并组织实施，治理方案应按规定及时上报辖区铁路监管部门，方案要做到责任、措施、资金、时限和预案"五落实"。因铁路单位自身原因造成的重大隐患，由铁路单位或其上级单位组织制定并实施隐患治理方案；因其他生产经营单位原因造成的重大隐患，由铁路单位协调相关单位及时消除。

重大隐患治理方案应当包括以下内容。

①治理的目标和任务；

②采取的方法和措施；

③经费和物资的落实；

④负责治理的机构和人员;

⑤治理的时限和要求;

⑥隐患未消除前的安全措施和应急预案。

铁路单位主要负责人应组织重大隐患治理方案的实施。当重大隐患治理方案的落实阻力较大时,铁路单位可考虑签订隐患治理目标责任书,落实隐患治理责任,组织开展隐患治理过程监控管理,验收确认隐患治理过程中各阶段成果。

(2)一般隐患治理

由铁路单位负责人或安全生产管理人员按照职责分工,根据治理难度和涉及范围,确定责任单位及人员,采取技术、管理措施,及时组织治理消除,未治理消除前应当制定可靠的安全控制和防范措施。

5.2.8 隐患验收销号

隐患治理完成后,铁路单位应对治理情况进行验收销号。隐患治理经效果验收未达到治理目标的,相关单位、部门应当继续整改。隐患治理验收销号情况应纳入各级隐患台账。

(1)重大隐患验收销号

重大隐患治理完成后,铁路单位应当成立隐患治理验收组进行专项验收。隐患治理验收组组长为铁路单位主要负责人,成员结合实际情况细化。治理验收应当根据隐患暴露出的问题全面评估,出具治理验收结论,并由组长签字确认。委托第三方服务机构进行专项验收的,隐患治理验收组要对专项验收结论进行确认。

重大隐患治理验收通过后,铁路单位应当将验收结论向铁路监管部门报告,并申请销号。销号报备申请材料包括:隐患基本情况及治理方案;隐患治理过程;验收机构或验收组基本情况;验收报告及结论;下一步改进措施。

重大隐患销号申请未经铁路监管部门审查同意,铁路单位不得擅自改变隐患治理方案确定的安全措施和应急预案等。

(2)一般隐患验收销号

铁路单位自行排查发现的一般隐患完成治理后,由铁路单位负责人或其派出机构负责人、安全生产管理人员组织验收,出具整改验收结论,并由验收主要负责人签字确认。

对于铁路监管部门检查发现的一般隐患,铁路单位按照隐患治理的流程销号后,还应报告铁路监管部门。

5.2.9 隐患治理评估

铁路单位应分析隐患产生的原因,并及时补充完善有关管理制度、标准、事故预防措施等。

重大隐患治理验收后，铁路单位应当对重大隐患形成原因及治理工作进行分析评估，及时完善相关制度和措施，并开展有针对性的培训教育。

5.2.10 隐患治理公示通报

隐患排查治理情况通过职工大会或者职工代表大会、信息公示栏等方式向从业人员通报。

(1)隐患具体情况

详细说明隐患所在的铁路具体区段、站点、区间等准确位置，如"××铁路K123+456处""××车站×站台×道"等，方便相关人员定位和处理。按照隐患分类，清晰指出属于哪一类隐患，对隐患的具体表现进行详细描述，例如，设备设施隐患要描述具体位置和指标；作业行为隐患要说明违规操作内容；安全管理隐患要说明制度漏洞或执行不到位的情况；环境隐患要说明周边环境问题，具体描述可以是"××铁路K×+×处，钢轨头部出现裂纹，长度约5cm""××铁路K×+×处沿线有树木倒伏影响邻近接触网"等。

(2)隐患危害及影响

说明隐患可能导致列车晚点、限速运行、停运或可能引发列车脱轨、相撞、冲突等对铁路运输造成的影响，阐述隐患可能对铁路工作人员、旅客以及铁路沿线居民等生命安全造成的威胁，对铁路设施设备的损坏、沿线环境的破坏、铁路单位造成的经济损失等。

(3)整改措施及计划

详细说明每个隐患采取的具体治理方法和手段。例如，设备进行维修、更换，作业人员进行培训，完善安全管理制度，清理隧道口堆土等。明确负责整改该隐患的具体部门或单位、责任人，确保整改工作有人落实。明确每个隐患预计完成整改的时间节点或时间区间，让公众了解整改的时间进度。

(4)监督与反馈渠道

告知公众可以通过现场监督、电话监督、网络监督等方式对隐患整改情况进行监督，提供具体的联系电话、电子邮箱、通信地址等联系方式，方便公众发现新的隐患或对整改工作有意见、建议时能及时反馈给相关部门。

5.3 隐患台账及档案管理

根据隐患排查治理流程进行隐患数据采集，采集的数据包括隐患排查、隐患审核、隐患评估、隐患督办、隐患治理、隐患复查销号、隐患风险关联、重大隐患、挂牌督办、重点关注等隐患相关信息，生成的数据可建立隐患台账及隐患档案，根据隐患台账可形成隐患数据库。

(1)隐患台账

铁路单位应当结合信息化平台,如实记录隐患排查治理情况,根据判定的隐患等级,明确治理措施、责任部门、责任人、治理期限等,建立隐患信息档案,借助云计算、大数据技术,建立健全隐患台账(库)(表5.3.1),同时建立重大事故隐患台账(表5.3.2),逐步建设具有数据录入、原文上传、档案检索、借阅授权、查询与利用等功能的隐患数据库管理平台,跟踪隐患治理的全过程。

隐患台账　　表5.3.1

序号	排查时间	排查类型	排查人	隐患地点	隐患内容	专业	隐患类型	隐患等级	治理措施	治理部门	责任人	治理期限	验收人	销号日期

重大事故隐患台账　　表5.3.2

填报单位:　　更新时间:

序号	隐患内容	排查时间	隐患等级	隐患类型	排查对象或范围	隐患状况	原因分析	主要治理措施	治理部门	责任人	治理期限	治理目标	治理进展	销号情况	临时措施

铁路单位、专业部门应当分别建立隐患数据库;动态更新治理进展和录入新发现隐患,全过程跟踪隐患排查治理情况;日常安全信息追踪分析、典型事故、故障暴露的隐患和常态化检查发现的隐患要及时纳入隐患数据库,已销号的隐患要长期保存在隐患库数据中,以备查询和分析。

(2)隐患排查治理档案

铁路单位对发现或排查出的隐患,应当如实记录隐患排查情况,主要包括排查对象或范围、时间、人员、安全技术状况、处理意见等内容,经排查有关责任人签认后形成隐患信息档案,通过隐患信息系统登记。

隐患档案保存期限应结合国家、行业、本单位日常管理资料要求期限执行,但重大隐患资料建议长期保存备查。

5.4　专项应急预案管理

根据铁路行业要求,重大隐患治理方案应当包括应急预案,重大风险管控措施中应当包含专项应急措施,铁路单位要编制相应专项应急预案。专项应急预案是应对重大风险管控措施弱化、失控、失效以及重大隐患治理不及时发生铁路突发事件的指导应对措施。

5.4.1 编制基本原则、要求与内容

1)基本原则

(1)预防为主,防治结合。强调预防的重要性,通过加强铁路基础设施建设和维护、完善铁路应急预案体系、加强铁路安全教育培训等措施,提高铁路安全水平。

(2)统一领导,分级负责。在铁路应急预案的编制和实施过程中,强调统一领导,确保各项措施和资源的有效整合。

(3)安全第一,以人为本。将保障人民生命财产安全放在首位,确保铁路运输的安全稳定。在应急预案的编制和实施过程中,注重人文关怀,关注旅客和员工的身心健康。

(4)依法依规,科学决策。应急预案的编制和实施必须遵循国家法律法规和铁路行业的相关规定。在制定应急预案时,要注重科学决策,充分考虑各种因素,确保应急预案的可行性和有效性。

2)基本要求

(1)明确应急预案的适用范围和对象。应急预案应明确适用于铁路行业内的自然灾害、事故灾难、公共卫生和社会安全等不同类型的突发事件。同时,要明确应急预案适用的铁路线路、车站、列车、工程等具体对象。

(2)建立完善的预警和应急响应机制。应急预案应明确预警和应急响应的级别标准、启动程序、响应措施,包括预警和应急响应的启动、指挥、协调、预防、救援、善后等各个环节。建立预警和应急响应的指挥体系,明确各级指挥机构的职责和权限。

(3)加强应急预案的宣传和培训。应急预案编制完成后,应加强宣传和培训,提高全员的安全意识和预防能力。通过定期应急演练,检验应急预案的可行性和有效性,不断完善和优化应急预案。

(4)注重应急预案的更新和完善。随着铁路行业的不断发展和技术的进步,应急预案也需要不断更新和完善。定期对应急预案进行评估和修订,确保其适应新的形势和任务要求。

3)专项应急预案主要内容

(1)风险辨识与评估。对铁路行业中的风险、危险源进行调查和了解,分析其危险程度及可能导致的事件和影响范围。评估铁路行业的风险,确定重点防范区域和关键环节。

(2)预警响应。制定加强铁路设施设备检查、维护措施,严格执行铁路运输调度、行车组织等规章制度规定的监测预警、预防措施,制定预警响应分级启动标准、响应措施,根据不同的预警等级采取不同的预警响应行动。

(3)应急响应。明确应急响应分级启动标准、响应措施,包括应急响应的启动、指挥、协调、救援、善后等各个环节。制定详细的处置流程和操作指南,保证工作的科学性和有效性。

(4)后期处置。评估突发事件造成的损失,制定善后处理方案。评估应急预案的实施效果,根据评估结果进行必要的改进和优化。

(5)保障措施。确保通信信息、救援装备、应急队伍、交通运输、医疗卫生、应急物资等方面的保障。建立应急物资储备制度,规范应急物资的采购、储备、调配、布置。

(6)培训与演练。组织定期培训和应急演练,提高人员的安全意识和应急能力。通过应急演练来检验应急预案的可行性和有效性,从而完善和优化应急预案。

5.4.2 编制流程

1)明确编制需求与目标

分析面临的各类突发事件,确定专项预案针对事件类型,从中挑选出需要单独制定专项应急预案的自然灾害、社会安全、事故灾难、公共卫生等特定事件,清晰阐述制定该专项应急预案的预期目标。

2)成立专项应急预案编制工作组

铁路单位相关管理部门召集涉及行车组织、安全管理、客运服务、货运管理、技术保障、后勤保障以及熟悉应急处置流程等多方面专业人员,结合本单位、部门职能分工,成立以铁路单位主要负责人为领导的应急预案编制工作组,明确编制任务、职责分工,制定工作计划。

3)收集资料

收集编制应急预案所需的法律法规、技术标准、国内外同行业事故案例分析以及本单位相关技术文件等资料;收集铁路行业内部现有的行车组织规则、设备维护规程、安全管理制度等各类规章制度;整理以往应急处置的事件经过、采取的措施、取得的效果以及存在的问题等记录资料。从中吸取经验教训,对应急预案的实用性进行优化。研究国家层面有关突发事件应急管理的法律法规、政策要求,确保应急预案符合国家整体的应急管理框架和法律规定,参考其他交通运输行业或者相似领域的成熟应急预案。

4)评估风险

根据确定的重大隐患、重大风险,深入辨识可能引发该事件的各种危险源,详细分析危险源发生规律、危害程度以及影响范围等特性,根据风险评估结果,确定在应对该专项事件中需要重点把控的关键风险点。

5)编制预案

根据调研结果和实际情况,制定专项应急预案的目录结构,确定预案的各个章节和内容,应包括应急预案编制依据、目的和适用范围、组织指挥体系及职责、监测预警、预警响应启动条件和行动、报告和发布、应急响应启动条件和行动、应急救援物资和设备保障、应急撤离、疏散和安置、应急演练、评估等。

框架一般包括以下内容。

(1)总则阐述预案编制目的、依据、适用范围以及工作原则等,明确应急预案制定是为了有效预防、及时应对铁路突发事件,保障人民生命财产安全等,依据国家法律和铁路行业规范制定,适用于铁路全领域内各类突发事件等,遵循以人为本、预防为主等工作原则。

(2)职责分工明确在突发事件应对中,各级单位的职责分工以及相互之间的协调配合关系。

(3)监测预警规定如何开展监测预警,怎样根据监测信息发布预警信号以及相应的预防措施等,例如,利用沿线的气象监测设备、设备运行状态监测系统等收集信息,当发现可能出现暴雨等恶劣天气影响铁路运输时及时发布预警,提前采取线路巡查等预防手段。

(4)应急响应清晰说明从事件发生接到报告开始,如何进行信息报告、分级响应、开展应急响应行动以及后期的应急结束条件等内容。

(5)调查评估涵盖事件调查评估、恢复重建以及对受影响人员的善后处理等方面,例如,明确事件结束后要由专门的调查组分析事件原因、评估损失,组织对受损铁路设施进行修复重建,对受伤乘客等进行妥善救助和赔偿等。

(6)应急准备详细规划应急队伍建设、物资储备、通信保障、技术支撑、应急演练等保障措施落实,例如,要求各车站配备一定数量的应急救援工具、建立应急通信备用系统、生活物资储备等。在各个框架板块下,进一步详细制定具体内容,例如,在应急响应流程中,针对不同等级应急响应,具体列出各相关部门和岗位的具体行动步骤、时间要求等;在应急保障的物资储备方面,明确各类物资的储备地点、储备数量标准等细节内容,确保应急预案具有可操作性。

6)征求意见与评审

将编制好的应急预案初稿发放给相关单位、部门、一线工作人员、技术管理人员以及专家,广泛征求意见建议。整理分析收集到的意见建议,采纳合理的意见建议,对应修改完善应急预案,确保应急预案能贴合实际情况,在内部各环节都具有可行性。

成立包括一线工作人员、专家等相关业务部门人员组成的应急预案评审小组,也可以邀请应急管理领域专家、相关政府部门以及可能涉及的其他社会力量代表等参与评审,以确保评审的全面性和专业性。将应急预案分发给评审小组各成员进行预审,从专业角度审查应急预案的科学性、合理性,政府部门从监管和整体应急协调角度判断其合规性以及与外部力量衔接的有效性,协作单位可以评估与铁路方面协同应对突发事件的可行性。应急预案编制工作组根据评审意见再次修订应急预案,以便及时发现和修正应急预案不足。

召开应急预案评审会，如果审核未通过，则需交应急预案编制工作组重新修改；如果通过，进行会签与签发，在铁路单位负责人、各相关业务部门会签后，交由铁路单位主要负责人签发。签发后，应急预案正式生效。

7）发布与备案

应急预案经批准并发布实施后，通过正式文件、内部办公系统等渠道向各单位和人员传达，确保各级都能知晓并按照应急预案要求执行。

按照相关规定，将发布的应急预案向相应的上级主管部门、行业主（监）管部门、政府应急管理机构等进行备案，便于监管以及在更大范围的应急协调管理中能及时查阅和对接相关内容。

5.5 风险分级管控和隐患排查治理一体化管理

5.5.1 风险和隐患的内在联系

（1）潜在与现实的因果关系

隐患是导致风险发生的潜在状态，是风险发生的前置条件，风险是隐患存在和发展的可能结果。当隐患发展到一定程度，在特定的触发条件下，就会转化为现实的风险事件，例如，铁路线路钢轨锁定轨温超限隐患，在高温、低温季节钢轨温度升高、降低，复合扣件扣压力不足、道床不饱满、未及时开展设备检查等特定的危险源单一或综合作用下，可能导致线路钢轨变形，进而引发胀轨跑道、断轨，可能导致列车脱轨事故，使风险从潜在变为现实。

（2）相互依存与转化的辩证关系

风险和隐患可以相互依存，没有隐患就不存在因该隐患导致的特定风险，风险的存在意味着一定有相应的隐患在起作用。例如，铁路桥梁作业人员高处坠落事故，如果没有桥梁防护栏杆锈蚀、步行板劣化破损、临边作业未设置物理隔离、高处作业未穿戴安全带等隐患，就不会有作业人员高处坠落风险，就不会有防护栏杆锈蚀、步行板劣化破损、临边作业未设置物理隔离、高处作业未穿戴安全带等危险源。

风险和隐患也可以动态转化，隐患如果不及时治理，可能会使风险发生概率或严重程度不断增加，原本低等级风险可能转化为高等级风险。反之，通过采取有效的风险管控措施，消除或控制住隐患，风险等级会随之降低。例如，职工宿舍火灾风险，从隐患排查治理的角度分析，职工宿舍电线路老化隐患，如果使用过程中长期未处理，可能会使发生火灾的风险从低等级风险上升到高等级风险；而如果及时更换老化线路，消除隐患，火灾风险的发生概率就会大大降低；从风险管控的角度分析，针对职工宿舍火灾风险，制定落实电线路老化危险源日常排查的管控措施，如果未落实管控措施，造成管控措施失效，未及时发现电线路老化隐患，会使发生火灾的风险从低等级风险上升到高等级风险，最终可能导致火灾事故；而如果能够落实管控措施，当出现电线路老化隐患时，及时排查发现隐患并实施治理，就能降低火灾风险发生概率，有效防止火灾事故发生。

(3)单一与复合的复数关系

一个隐患的存在可能会引发或加重其他风险和隐患。例如，铁路信号系统中某个继电器出现故障隐患，不仅可能导致信号显示错误的风险，还可能因信号问题引发列车相撞风险，同时也可能进一步造成信号系统其他部件的损坏，产生新的隐患。

一个风险的发生也会暴露出新的隐患。例如，列车发生火灾事故后，通过事故评估、专项风险辨识，可能会发现消防设施配备不足、人员消防培训不到位等新的隐患。

(4)隐患是危险源的现实存在状态

在铁路单位生产经营活动中，依据风险管控清单制定隐患排查清单，实施隐患排查即是排查危险源管控状态，当危险源处于受控状态，则没有隐患；当危险源处于失控状态，则产生隐患。因此，隐患在铁路风险分级管控和隐患排查治理一体化管理中就是危险源失控的结果，当出现隐患后，安全管理工作就需要从风险分级管控更进一步到隐患排查治理。

如果危险源都处于受控状态，说明事故预防工作得力，是比较安全的；反之，危险源处于失控状态，此时危险源成为隐患，表明风险已处于将要发生事故的危险阶段。

5.5.2 一体化管理基本策略

(1)一体化管理制度保障

制定涵盖风险分级管控和隐患排查治理的一体化管理制度，明确本单位各部门、车间、班组和岗位在一体化管理中的职责、工作流程和标准，确保管理工作有章可循。

(2)信息共享机制

建立一体化信息共享平台，将风险分级管控信息和隐患排查治理信息互联互通。风险辨识评估结果、风险管控措施、危险源等信息为隐患排查提供重点方向，隐患排查发现的隐患信息及时反馈到风险管控效果以及补充未辨识的风险、危险源，确保能够及时调整完善风险等级和管控措施，实现风险分级管控信息和隐患排查治理信息共享、动态更新、补充完善。

(3)流程协同优化

在制定隐患排查计划时，充分考虑风险分级管控结果，优先对重大风险、较大风险区域和环节进行排查；隐患排查治理过程中，对照风险管控措施、危险源，制定检查重点，保证隐患排查的全面性,确保治理措施与风险管控要求相匹配,避免重复劳动,提高管理效率。

(4)培训与考核一体化

将风险分级管控和隐患排查治理知识纳入员工培训体系,统一开展培训教育,使员工熟悉风险辨识、评估、管控方法,掌握隐患排查、治理技能。建立一体化考核机制,综合考核风险分级管控和隐患排查治理工作成效,激励员工积极参与风险分级管控和隐患排查治理一体化工作。

5.5.3 一体化管理实施

铁路风险分级管控和隐患排查治理一体化管理重点是依据风险管控清单,制定隐患排查清单,以风险管控指导开展隐患排查;通过分析评估发现的新隐患、风险管控措施落实不到位造成的隐患,开展风险专项辨识,补充完善风险管控清单,进而形成风险分级管控和隐患排查治理一体化管理的闭环管理体系。具体流程是:第一,在辨识评估铁路安全生产中可能存在的风险后,针对不同风险严重程度和发生可能性,根据风险辨识评估结果,制定分类、分级、分层、分专业、分区域的风险管控措施,编制风险管控清单,指导各级人员进行风险管控,保证风险在可接受范围内。第二,依据风险管控清单,编制隐患排查清单,制定隐患排查计划方案,包括检查内容、检查周期、检查人员以及责任部门等,指导各级人员开展隐患排查,为隐患排查工作提供指导和保障。第三,开展现场巡检、抽查、设备设施动静态检查监测等隐患排查。当风险管控措施落实到位,即可结束排查,记录排查结果;当发现风险管控措施落实不到位或存在新隐患时,详细记录发现的隐患,制定整改措施,建立隐患清单,明确整改责任部门、责任人、整改期限等要求,及时开展隐患报告、治理、验收、销号、评估等工作。第四,针对新的隐患开展风险专项辨识,补充完善风险管控清单,在下一周期进行管控,形成良性循环。风险分级管控和隐患排查治理一体化管理流程见图 5.5.1。

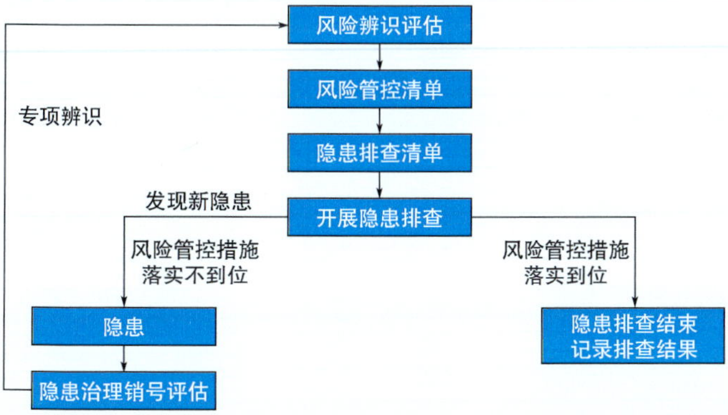

图 5.5.1 风险分级管控和隐患排查治理一体化管理流程图

运用风险分级管控和隐患排查治理一体化管理，随着风险分级管控和隐患排查治理不断开展，风险管控清单持续得到补充完善，隐患排查清单更加全面，能够有效保障风险分级管控和隐患排查治理更加符合铁路安全生产实际，达到风险分级管控减少隐患、隐患排查治理完善风险管控措施的一体化管理，构建风险和隐患相互补充完善、共同服务安全生产的管理模式，实现把风险化解在隐患前，把隐患消除在事故前的风险分级管控和隐患排查治理双重预防机制工作目标。

第6章

铁路双重预防机制

信息化管理

铁路双重预防机制的信息化建设是提升铁路安全管理效能、实现风险精准防控的重要手段。通过数字化、智能化和平台化技术，能够将传统安全管理模式升级为动态化、全流程闭环管理，有效降低事故风险。

6.1　信息化管理的必要性

(1)传统管理模式的局限性

传统的双重预防机制管理为人工记录，存在以下弊端：效率低、易出错；纸质档案难以长期保存和快速检索；风险数据缺乏动态更新和共享。如因手工填报隐患导致数据延迟，未能及时预警设备故障，致使隐患演变为事故。

(2)信息化管理的优势

①实时性

通过物联网传感器实现风险数据秒级采集(如轨道状态、列车运行参数)。

②精准性

采用AI算法自动分级风险，减少人为判断偏差(如基于历史数据的风险概率模型)。

③协同性

跨部门、跨区域数据共享平台，打破信息孤岛(如工务段与电务段联动处置)。

6.2　信息化系统功能设计

铁路双重预防机制信息化管理原则上应实现信息集成、数据共享、动态管理、交互联动等功能，满足铁路单位风险分级管控和隐患排查治理信息化管理流程覆盖。也要具备与其他信息化系统有机融合的条件，预留与各专业配套监测监控系统、单位相关监测监控平台及政府监管部门管理平台连通的数据接口，便于与其他信息系统对接集成，实现功能互补，数据互联互通。为便于信息推送、数据采集及业务处理等，信息化系统应实现移动化应用。

(1)系统架构层面的对接

①分级管理模式

铁路智能化信息平台可采用分级管理的模式，包括线路中心级和站点级。

②接口设计

铁路智能化信息平台需要与其他系统相兼容的接口，以便实现数据的实时传输和共享。这些接口可包括内部接口和外部接口，分别用于系统内部各模块之间的通信和不同设备、不同格式数据之间的传输。

(2)数据交互层面的对接

①数据格式与协议

铁路智能化信息平台和其他系统之间需约定统一的数据格式和通信协议，包括数据包的格式、编码方式、传输速度等方面，以确保数据的准确性和一致性。

②实时数据传输

铁路智能化信息平台需实时接收其他系统的数据。这要求预警系统具备高效的数据采集、处理和传输能力，以确保数据的及时性和准确性。

③数据共享与整合

铁路智能化信息平台需能接收并整合其他系统传输过来的数据，以便对数据进行进一步的分析和处理。同时，平台还需要具备将分析结果反馈给其他系统的功能，以实现双向的数据交互和共享。

(3)功能实现层面的对接

①预警触发与响应

当系统监测到异常情况时，需能够自动触发预警机制，并向铁路智能化信息平台发送预警信息。信息平台在接收到预警信息后，应能自动或半自动地采取相应的响应措施，如调整列车运行计划、发布安全提示等。

②智能分析与决策支持

铁路智能化信息平台需具备利用大数据、人工智能等技术对预警系统传输过来的数据进行智能分析的功能，以识别潜在的安全隐患和风险点。

(4)安全保障层面的对接

①数据加密与防护

在其他系统和铁路智能化信息平台之间传输的数据需要进行加密处理，以确保数据的安全性和保密性。

②平台稳定性与可靠性

预警系统和铁路智能化信息平台都需要具备高度的稳定性和可靠性，以确保在关键时刻能够正常运行并发挥应有的作用。

6.3 信息化系统架构设计

铁路智能化信息平台可按照资源层、服务层、数据层、应用层、传输层五个层级进行技术架构设计。

(1)基础信息管理,支持对铁路单位基础信息进行管理维护,包含铁路单位基础信息、人员基础信息,体系制度管理等模块。

(2)风险管理,实现对风险的记录、跟踪、统计和上报全过程的信息化管理,包含风险辨识、风险评估、预警指标、风险分级、风险管控、风险告知、安全生产承诺卡、应急处置卡、动态风险空间分布图等模块。

(3)隐患排查治理,实现隐患排查、整改、验收、销号过程全记录闭环管理,包含隐患排查清单(警兆指标数据)、隐患检查表、隐患排查任务、隐患排查历史、隐患治理流程、隐患整改、隐患复查、隐患治理信息台账、隐患随手拍等模块。

(4)系统管理与维护,实现铁路单位人员部门基本信息、角色及权限、业务字典、通知发布、日志、数据更新与维护等管理。

6.4 核心功能模块开发

系统中的核心功能模块至关重要,它们共同构建起了一个完整且高效的体系。核心功能模块主要包含基础信息管理模块、风险分级管控模块、隐患排查治理模块以及移动端模块。信息化系统核心功能模块系统如图6.4.1所示。

6.4.1 基础信息管理模块

基础信息管理模块作为根基,承担着对各类基础数据,如人员信息、设备信息、项目基础资料等进行集中录入、存储与维护的重任,为整个系统的稳定运行提供坚实的数据支撑。

(1)铁路单位基础信息

包含铁路单位统一社会信用代码、名称、地址、所属区域、所属专业、在册从业人数、负责人、联系电话、安全生产许可相关证照等信息管理,但不限于以上信息。具备编辑、导出功能。

(2)人员基础信息

建立铁路单位所有人员基础信息电子档案及线上管理,支持按照组织架构分级设定,包含主要负责人、分管负责人、相关人员信息及职责,但不限于以上信息。

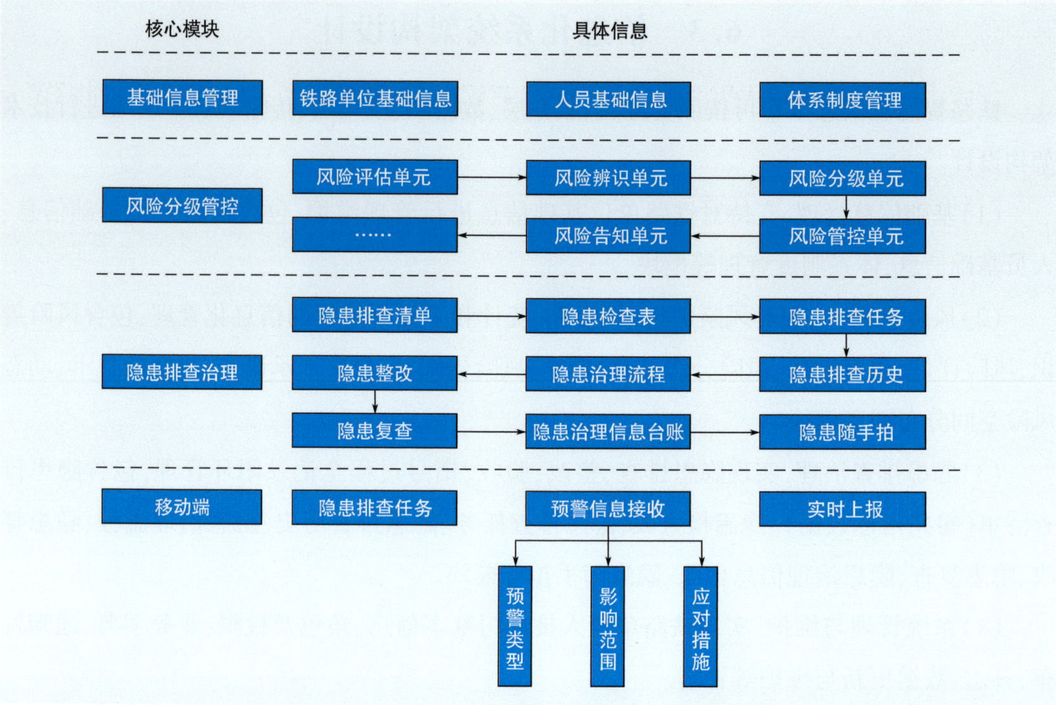

图 6.4.1　核心功能模块

(3)体系制度管理

建立铁路单位体系制度电子档案及线上管理,档案包含风险分级管控制度、隐患排查治理制度、风险公告警示制度、隐患公示监督制度、铁路单位安全生产责任制、奖惩制度等制度管理并定期更新,但不限于以上制度。具备导出、预览、废止功能。支持相关证照到期自动提醒,包含对铁路单位及员工的资质证照设置过期提醒功能,支持相关人员从业证书、安全培训临期提示。

6.4.2　风险分级管控模块

风险分级管理模块则致力于对潜在风险进行精准识别、科学评估以及合理应对,通过一系列专业的风险分析工具和策略,最大程度降低风险带来的负面影响。

(1)风险评估单元

按照铁路单位实际情况将风险分析对象划分为若干个相对独立的评估单元,采用父子层架显示,具备修改、删除、导入、导出功能。

(2)风险辨识单元

①依据评估单元进行辨识,为铁路单位生成各评估单元的风险辨识数据库,对铁路单位风险辨识资料进行统计、分析、整理和归档,对数据传输及存储,不断丰富数据库资源,需要

定期审查项目或组织的各个方面，以识别新的潜在风险，并将其添加到风险清单中，提高风险辨识的全面性和准确性。

②包括录入名称、辨识类型、危险源、日期、辨识对象、地理信息、可能导致的事故类型、辨识人员、审核人员等信息，具备导入、审核等功能。

（3）风险分级单元

①随着项目的进展，某些风险的重要性可能会发生变化。因此，需要定期重新评估风险的优先级，并根据评估结果调整风险清单中的排序。风险分级方法支持风险矩阵分析法（LS）、作业条件危险性评价法（LEC）、工作危害分析法（JHA）、安全检查表分析法（SCL）、危险与可操作性分析法（HAZOP）等风险评价法，或多种风险评价方法的组合评估。

②风险等级应对应显示红、橙、黄、蓝不同颜色，待评价的风险采用灰色显示，宜具备风险管控动态评估内容。

（4）风险管控单元

①风险管控清单

风险管控清单应包括风险点、危险源、风险分级、管控层级、风险责任部门和责任人、主要管控措施，制定适应于各自专业的管控措施库，具备批量导入、导出功能，支持导出专项风险台账，例如列车脱轨风险管控清单、车辆撞轧风险管控清单、消防安全风险管控清单、特种设备风险管控清单等。

支持每项管控措施制定相应的隐患排查内容，支持风险管控清单生成隐患排查清单功能。

②风险管控历史

支持对风险评估过程进行历史记录，包括评估单元、评估部门、评估人、评估方法、评估值、评估级别、评估时间、评估参数、风险复评、管控人、管控负责人、管控时间、管控措施、预防措施、管控不到位形成隐患问题的描述等。

（5）风险告知单元

①包含风险告知卡、风险告知牌、风险告知栏等风险告知形式。

②包含危险部位名称、编号、存在的危险因素、可能发生的事故、紧急应对措施、应急处置方法、责任部门、责任人、救援电话以及安全警示标识等。

③风险告知宜实现动态管理，具备下载、打印、导入、导出功能。

（6）安全生产承诺卡

生成签订安全生产承诺卡任务，承诺人确认无误后进行电子签名，生成签订安全生产承诺卡记录。

(7)应急处置卡

①根据风险管控清单,生成应急处置卡,具备编辑、导入、导出功能。

②包含岗位易发生事故的类型、应急处置方法、注意事项、责任部门、责任人及应急联系方式等。

(8)“红、橙、黄、蓝”四色安全风险空间分布图

①支持企业在空间地图上绘制厂区、车间等区域图,平台根据风险评估识别出的风险及其等级在企业地图上以“四色图”的方式展示安全风险空间分布。

②可以根据区域风险数赋予区域不同警示色,支持根据企业风险等级变化动态显示区域安全风险空间分布,具备编辑、导入、导出功能。

6.4.3 隐患排查治理模块

隐患排查治理模块专注于主动搜寻系统内存在的各类安全隐患、漏洞等问题,并依据既定流程展开全面治理,实现隐患从发现到解决的闭环管理。

(1)数据收集与风险关联

①多源数据汇聚

数据库广泛收集来自不同渠道的隐患排查数据。包括日常巡检人员通过手持终端记录的轨道扣件松动、信号灯显示异常等现场问题;各类检测设备,如轨道探伤仪检测出的钢轨内部裂纹数据,以及基于物联网的设备状态监测系统实时传输的供电设备温度过高、压力异常等数据。这些数据都被精准录入数据库,为后续分析提供原始素材。

②关联风险辨识结果

在双重预防机制中,风险辨识是基础。数据库将收集到的隐患数据与前期风险辨识成果紧密关联。例如,某铁路路段因靠近山区,在风险辨识时被确定存在山体滑坡风险。后续在隐患排查中,一旦发现该路段周边山体出现地表裂缝、树木倾斜等隐患迹象,数据库能够迅速将其与山体滑坡风险对应起来,明确隐患背后的潜在危险源,让隐患治理更具针对性,实现从风险管控到隐患排查治理的无缝衔接。

(2)数据存储与分析

①结构化存储

数据库采用结构化存储方式,对隐患数据进行科学分类。按照隐患类型,如基础设施类(轨道、桥梁、隧道等)、设备设施类(机车车辆、信号系统、供电系统等)、作业环境类(车站候车环境、铁路沿线周边环境等)以及人员操作类(违规作业行为)等进行存储。同时,详细记录隐患发现时间、地点、严重程度、发现人等关键信息,确保数据条理清晰,便于后续查询与分析。

②深度数据分析

运用大数据分析技术,对存储在数据库中的海量隐患数据进行深度挖掘。一方面,通过纵向对比历史数据,分析某类隐患的发展趋势。例如,通过对某型号信号灯过去一年的故障数据统计分析,发现其在特定季节故障发生率显著上升,为提前制定针对性维护计划提供依据。另一方面,进行横向关联分析,研究不同类型隐患之间的潜在联系。如发现部分车站站台积水隐患与排水系统设备维护不及时以及周边市政管网排水能力不足存在关联,从而为综合整治提供方向,从根源上消除隐患,强化风险管控效果。

(3)隐患治理与反馈

①治理方案制定依据

基于数据库中的隐患数据及关联的风险信息,铁路单位能够精准制定隐患治理方案。例如,对于数据库中记录的多次出现的铁路桥梁支座螺栓松动隐患,结合桥梁结构风险评估结果,确定采用专业紧固设备、按照特定扭矩标准进行紧固,并加强后续巡检频次的治理方案。同时,根据隐患严重程度,合理分配人力、物力和财力资源,优先解决高等级风险对应的隐患,确保隐患治理工作高效有序开展。

②治理效果反馈与数据库更新

在隐患治理完成后,相关人员将治理效果信息反馈至数据库。若隐患已成功消除,数据库记录治理完成时间、验收情况等信息,并对该隐患状态进行更新。若治理效果不佳或隐患再次出现,数据库则重新激活该隐患记录,补充新的排查数据,促使铁路单位重新评估风险,调整治理措施,形成隐患排查治理的闭环管理,持续优化双重预防机制,不断提升铁路运营安全水平。

6.4.4　移动端模块

移动端模块赋予用户在移动场景下便捷访问系统的权限,不仅可进行信息查询,还可执行业务操作。

(1)具备隐患排查任务和预警信息接收、现场隐患排查情况实时上报、隐患治理全程跟踪等功能。支持无网络环境下离线缓存功能。

(2)具备信息通知、查询、上报、推送、数据采集及业务处理基础功能。

6.5　数据交换功能设计

双重预防机制信息化系统要具备结构化数据、半结构化数据、非结构化数据的交换能力,支持以服务、接口、文件、消息等方式进行数据交换,支持与其他信息化系统进行有机结合。在数据交换功能设计中,数据库是各类数据存储、整合与交互的核心载体,对于双重预防机制信息化系统的高效运行至关重要。该系统所涉及的结构化、半结构化及非结构化数据,都依托数据库进行有序管理。在数据交换过程中,无论是以服务、接口、文件还是消息的方式,数据库都能确保数据的准确性与完整性,保障不同来源数据在交换时能精准匹配双重预防机制的风险辨识、评估及管控需求。

(1)数据集成与共享

在数据集成与共享环节,铁路智能化信息平台与预警系统间需要建立稳定的数据传输通道,将数据库中的实时监测数据高效共享。这些数据经数据库筛选、整理后,可为双重预防机制提供基础信息,助力及时发现潜在风险。

(2)算法模型对接

对于算法模型对接,数据库为先进的数据分析算法和模型提供海量历史数据与实时数据支撑。算法基于数据库数据进行运算,精准识别潜在风险,契合双重预防机制提前预判风险的要求,让铁路智能化信息平台在数据库数据基础上,实现实时风险分析与预警。

(3)应急响应机制联动

应急响应机制联动时,系统识别的潜在风险信息从数据库快速传递至信息平台。信息平台依据数据库中存储的应急预案及相关数据,自动调整列车运行计划、发布安全提示等,通过数据库将风险识别与应急处理紧密结合,落实双重预防机制中风险管控与应急处置的闭环管理,最大限度降低风险。

第7章

铁路双重预防机制的教育培训管理

在铁路双重预防机制体系中,安全行为管理体系起着至关重要的作用,它涵盖组织层面的安全文化、安全价值观和安全管理体系构建,以及个体层面的安全意识和安全行为管理。这些要素共同构成了铁路安全培训的核心内容,其根本日的在于减少个人的不安全行为的发生,而教育培训正是实现这一目标的关键手段。

按照《铁路安全风险分级管控和隐患排查治理管理办法》相关规定,铁路单位应当将风险基本情况、管控措施和应急处置等纳入本单位安全生产教育培训和应急演练,提高关键岗位人员的风险意识,严格专业技能水平培训考核;铁路单位应当对重大风险影响区域的本单位从业人员开展安全防范、应急逃生避险和应急处置等相关宣传、培训工作,定期组织应急演练,并将相关情况告知影响范围内的其他单位和人员;重大隐患治理验收后,铁路单位应当对重大隐患形成原因及治理工作进行分析评估,及时完善相关制度和措施,并开展有针对性的培训教育。

通过安全教育,将职工思想统一到“安全第一、预防为主、综合治理”的方针上,促使铁路单位管理者和各级领导真正把安全放在首位,同时增强全体职工对安全生产重要性的认识。开展宣传、教育与培训工作,一方面可以提高用人单位和职工做好安全管理的责任感和自觉性,帮助其正确认识安全的重要性,树立“以人为本”的安全价值观和“预防优先”的预防理念;另一方面,能够普及和提高劳动者安全方面的法律、法规、基本知识,增强安全操作技能,做到工作中不伤害自己,不伤害他人,也不被他人所伤害,从而保护自己和他人的安全与健康。

7.1　铁路风险应知应会

7.1.1　风险应知应会框架

海因里希的事故致因理论指出:高达 88% 的事故来源于人的不安全行为,而物的危险状态则占据了 10% 的比例。这就表明个体层面的不安全行为是引发事故的直接导火索。而个体层面的安全意识、知识及习惯等因素,虽不直接引发风险和隐患,但会为风险与隐患的滋生提供温床,属于间接诱因。

而在组织层面,安全管理的组织架构与体系通过塑造和引导个体行为,间接影响风险的发生概率,因此被视为事故的根本原因。更深层次地,安全文化与安全价值观构成了这一复杂致因链的最外层,它们是决定整个系统安全态势的根源性因素。

综上所述,为了有效降低铁路风险与隐患,安全培训必须全面覆盖事故致因链上的每个环节(图7.1.1)。从强化员工安全意识、提升安全知识水平、培养安全行为习惯入手,到完善组织安全管理体系、优化安全运行机制,再到培育全员参与的安全文化、树立安全核心价值观,构建起全方位、多层次的安全防护体系,从而系统性地降低风险、消除事故隐患,最终实现本质安全。

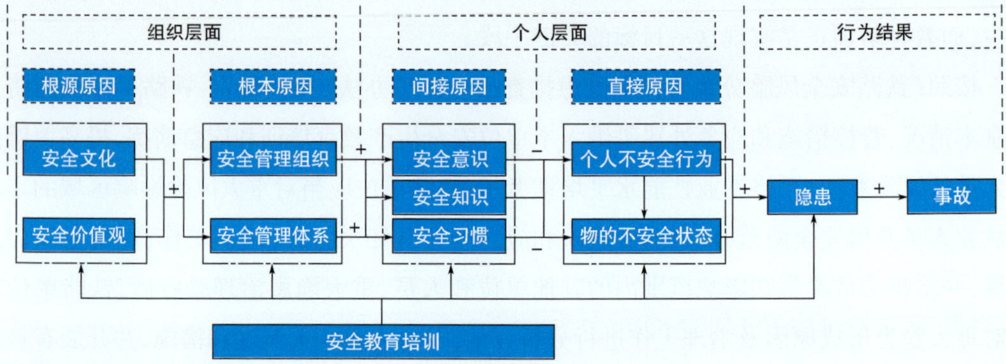

图7.1.1　铁路安全风险和隐患的致因链条

7.1.2　安全文化

(1)安全文化建设的理念

良好的安全文化体现在以下四个维度:管理层的安全承诺、处理危险的现实做法、持续地组织学习以及全员的安全意识。在铁路双重预防机制中,安全文化既是指导理念,更是行动准则,它要求每一位员工都能够自觉遵守安全规定,积极参与安全管理,共同营造一个安全、和谐的工作环境。

(2)安全文化的具体实施方案

①设置警示标志

铁路单位应公告本单位的主要风险点、风险类别、风险等级、管控措施和应急措施,对存在重大风险的工作场所、岗位和设备设施,应当设置明显的警示标志;对于较大风险、一般风险和低风险可采用设备风险告知牌和岗位风险告知卡等形式进行风险公告警示。

②设置规章制度

铁路单位应制定一套完善的安全责任制度、安全规章制度、操作规程、预防和应急措施、安全教育培训制度等一系列规章制度。

③设置职业健康管理机构

铁路单位应建立职业健康管理要求和预防措施，为从业人员提供安全健康的工作环境和劳动条件；对隧道粉尘、机车噪声等危害因素进行动态监控和定期检测、评价、公示，并设置职业健康管理机构或配备专职管理人员，制定职业病防治计划和实施方案。

④开展职工心理健康培训

铁路单位应开展心理健康科普教育、安全心理培训、心理健康评估等活动来关注从业人员的心理状况，为从业人员提供心理疏导、精神慰藉等服务，对新入职员工以及违章次数较多、情绪不稳定等员工进行重点关注。

7.1.3 安全价值观

(1)提升安全价值感知，促进安全价值的精准识别

培养员工的安全价值观首先应唤醒其对安全价值的意识并增强其感知能力。在安全价值观的培养中，鼓励员工保持开放而审慎的态度，通过亲身体验和深入了解来形成正确的判断。

(2)关联自我安全价值概念，推动组织安全价值的深度融合

不同的员工对安全价值观的重视程度各不相同。可以通过明确细化培养目标、强调重要信息点、采用多样化的信息呈现方式以及实施及时培训等策略，帮助员工整合价值信息，形成正确的安全价值观。

7.1.4 安全管理组织

安全管理组织主要包括安全生产委员会、安全监察部门、业务部门、专业服务机构、班组等。

(1)安全生产委员会

铁路单位建立安全生产委员会，负责统一领导和组织安全生产工作；定期召开安全生产委员会会议，将学习贯彻习近平总书记关于安全生产的重要论述和重要指示批示精神作为“第一议题”，将事故警示案例作为必学内容。

(2)安全监察部门

铁路单位设置安全监察部门，负责安全生产工作的管理和监察，对同级业务部门安全生产责任落实情况进行考核。

(3)业务部门

铁路单位按规定设置业务部门，根据行业有关规定配齐专业技术管理人员。

(4)专业服务机构

铁路单位根据实际需求,依托高等院校、科研机构、行业协会等内外部单位,建立专业安全生产技术服务机构或专家团队,提供安全生产支持和服务。

(5)班组

铁路单位加强班组建设,开展安全品牌班组创建活动,创建金牌班组,并定期考评;建立班组长的选聘、使用、培养、考核、激励和退出机制,提高班组长的综合素质与能力。

7.1.5 安全管理体系

(1)制度框架

制度框架是安全管理体系的核心,通过制定和完善规章制度,明确安全责任和操作规程,确保安全措施得到有效实施。

①风险分级管控制度

铁路单位应建立一套完善的风险分级管控制度,全面开展风险辨识工作,科学评估风险等级,并根据风险的不同级别,采取相应的措施进行有效管控。

②隐患排查治理制度

铁路单位必须建立健全隐患排查治理制度,并确保其得到有效落实。该制度应涵盖隐患排查、登记、评估、报告、监控、治理以及销号等全过程,实现闭环管理。

③应急管理体系

应急管理体系包括制定全面的应急预案,配备充足的应急物资、专业的应急人员以及必要的应急设备。

④安全技术标准与操作规程

铁路单位应严格遵循国家安全技术标准,使用符合要求的铁路运输管理信息系统,还应制定明确的操作规程,指导员工规范操作,减少人为因素导致的安全事故。

(2)文化、价值观引领

文化、价值观也是提升安全管理的重要因素,通过培养积极的安全文化,铁路单位能够预防风险,保障员工职业健康与安全,实现安全生产目标。

7.1.6 安全意识、安全习惯和安全知识

在铁路双重预防机制的框架下,个体层面的安全意识、安全习惯和安全知识对于降低个人的不安全行为和物的危险状态,从而减少风险和隐患的发生,具有至关重要的意义。

(1)安全意识

安全意识的教育内容应涵盖安全理念、事故案例分析、风险辨识技巧等方面,使员工深刻理解到,安全不仅是对自己负责,更是对同事、乘客乃至整个社会的责任。

(2)安全习惯

良好的安全习惯包括但不限于严格遵守操作规程,不能因熟练而忽视细节;正确佩戴和使用个人防护装备,如安全帽、防护服、绝缘手套等;养成及时上报安全隐患的习惯。

(3)安全知识

安全知识涉及铁路行业的法律法规、技术标准、操作规程、应急处置流程等多个方面。员工需要掌握足够的安全知识,才能在实际工作中准确判断风险,采取正确的应对措施。

7.1.7 个人不安全行为

(1)不安全行为产生的主体

①铁路工作人员

铁路工作人员的不安全行为可能直接引发安全事故。这些行为包括违反操作规程的动作、疏忽安全措施的行为,以及由于疲劳、压力或缺乏培训而导致的失误。

②铁路管理人员

铁路管理人员的不安全行为包括忽视安全规定、未能提供足够的安全培训、未能及时维护和更新设备,以及未能建立有效的安全管理体系。

(2)不安全行为管控

①个人行为的自我控制与外部监管

鼓励员工主动识别风险并采取相应措施;通过外部的安全监管和定期检查,对员工的操作行为进行监督和指导,确保其符合安全规范。

②参与安全教育培训

通过系统的培训,员工可以学习到最新的安全知识和操作技能,避免因操作失误而导致事故发生;培训还能帮助员工树立正确的安全观念,解除误解。

③定期统计分析与预防措施制定

定期对发生的不安全行为进行统计分析,查找其中的规律和深层次原因。基于这些分析结果,可以制定出针对性的预防措施,从源头上减少不安全行为的发生。

7.2 安全教育培训内容的设置

7.2.1 风险管控培训

(1)风险辨识评估技术培训

培训对象为主要负责人、分管负责人及业务和安全管理部门相关人员和车间负责人等参与风险辨识评估工作的人员。培训内容包括风险点划分、辨识对象识别、风险辨识内容、风险类型划分、辨识方法、评估方法、风险等级划分、重大风险认定、风险管控措施制定、管控层级划分、管控组织、管控清单编制等技术方法。

(2)风险管控措施培训

培训对象为相关作业人员。培训内容包括重大风险清单以及与本岗位相关的重大风险管控措施;专项风险辨识评估完成后1周内,且需在应用前,对相关作业人员进行培训。通过培训,确保重大风险区域作业人员了解相关的重大风险管控措施,明确自身职责并严格落实。

7.2.2 隐患排查治理培训

(1)隐患排查治理专项培训

培训对象主要为单位主要负责人、分管负责人及从事技术、调度、质检、教育、综合治理、消防等与铁路运输生产密切相关的人员,以及安全管理机构人员。培训内容为隐患排查方法、隐患分级方法、隐患治理措施制定方法、隐患验收销号、隐患督办、隐患台账编制、隐患排查治理考核方法等。

(2)隐患排查治理基本技能培训

培训对象为相关作业人员。可通过情景模拟的理论知识介绍,采用互动或设计隐患排查治理为主题的基本技能培训,讲解隐患的定义、隐患识别和排查的方法、治理流程和要求及其规范依据、所在车间及工区作业区域常见隐患的辨识等。可采用模拟演练,利用作业现场违章图片、案例,让职工识别违规违章现象(人的不安全行为、物的危险状态、环境的不安全因素、管理上的缺陷等),从而提高职工识别和发现隐患的能力。

7.2.3 应急培训

(1)应急知识培训

定期开展应急预案和应急知识的培训,特别要加强领导干部在应急管理方面的理论基础,包括法律法规、国家政策以及实际案例的学习。通过应急培训,使从业人员了解应急预案的内容，熟悉应急处置流程，掌握自救技能，从而提升相关人员安全避险及现场应急能力。

（2）应急演练培训

制定应急演练计划，定期开展综合应急预案、专项应急预案和现场处置方案的演练，并对演练情况进行记录和评估。为提高应急处置能力，可采取不预先通知的方式进行应急演练。通过应急演练活动，强化安全意识，宣传应急疏散知识与技能，增强员工对应急突发事件的避险能力。

7.3　安全教育培训的类型及方式

7.3.1　安全教育培训的类型

安全教育培训的类型主要包括思想教育、法制教育、知识学习和技能训练。

（1）思想教育

思想教育的核心在于深化安全生产方针政策、形势任务以及重要意义的理解与认知。通过采用多样化且富有创意的安全教育活动，旨在使各级领导层深刻铭记“安全第一”的原则，精准把握并妥善处理业务范畴内安全与生产、安全与效益之间的辩证关系，积极主动地实施事故预防策略。同时，这类教育亦致力于全面提升职工群体的安全意识，激发其内在的安全驱动力，促使每位成员都能自发地践行安全行为规范，共同营造安全和谐的工作环境。

（2）法制教育

法制教育的核心在于法律法规的普及与权利义务教育。通过系统化的教育，确保铁路单位各级领导及全体职工能够知法、懂法、守法，以法规为准绳约束自身行为，自觉履行法定义务。

（3）知识学习

知识学习聚焦于安全管理、安全技术与劳动卫生知识的传授。旨在使铁路单位的管理人员深入理解安全生产的内在规律，熟练掌握业务范围内的安全生产管理理论与方法，以及相关的安全技术和劳动卫生知识，从而显著提升安全管理水平。对于全体职工而言，则需掌握各自岗位必需的安全技术知识，全面提升铁路单位整体的安全素质。

（4）技能训练

技能训练针对各岗位或工种作业人员的实际需求，开展必要的安全生产方法和手段的训练，包括但不限于安全操作技能训练、危险预知训练、紧急状态事故处理训练、自救互救训练、消防演习以及逃生救生训练等。通过开展实践性强的训练活动，确保作业人员能够熟练掌握必备的安全生产技能。

7.3.2 安全教育培训的方式

(1)线上培训

①结合铁路单位内部线上培训平台与现场线下活动,组织员工进行安全知识教育,观看安全宣传教育视频。此外,还可采用宣传栏、横幅、标语、看板等多种方式,广泛宣传安全法规和安全知识,营造浓厚的安全学习氛围。

②组织参与线上避险逃生知识竞答等活动,激励铁路单位职工及社会力量主动参与事故防范。通过活动宣传应急疏散知识与技能,进一步营造浓厚的安全宣传活动氛围,提高干部职工的应急反应能力。

③安全教育培训可巧妙运用多媒体、虚拟现实(Virtual Reality,简称 VR)、物联网、云计算等前沿技术,构建多媒体智慧化安全教育培训教室,创新培训形式,全面推动全员安全教育培训及考试工作。

(2)线下培训

①可通过公开课培训,组织安全讲座,邀请专业人士或安全管理人员进行讲解,对铁路职工进行风险识别及管控、隐患排查治理培训,主要对于识别、管控等基本技能进行培训,讲好防范事故的案例。

②定期组织开展模拟事故救援等场景的应急演练、线下避险逃生公开课等活动培训。

③定期对现场职工进行脱产培训,由专职教师讲授岗位风险清单和管控措施、岗位应知应会、标准化作业程序和岗位应急处理技能。

④对车间培训可利用工闲时间,采取“每日一题、每周一课”等形式,灵活开展日常培训。

第8章

铁路双重预防机制 评价与持续改进

风险分级管控和隐患排查治理两者相辅相成、相互促进。隐患排查治理工作本身是风险分级管控创建过程中的重要内容，是过程控制的重要环节，做好风险分级管控工作可以有效减少隐患，减轻隐患排查治理的工作量。而日常的隐患排查又恰是对风险分级管控成效的重要检验手段，可以帮助风险分级管控工作查找不足，持续改进。铁路双重预防机制建设的持续改进方式主要有双重预防机制的审核、双重预防机制制度办法和管控措施的修改完善、风险数据持续完善和信息化管理平台的优化等。

8.1　铁路双重预防机制实施效果评价

效果评价是铁路双重预防机制实现持续改进的关键环节。它能检验该体系的合理性，并且铁路单位能依据评价中发现的问题制定改进措施，进而达成铁路双重预防机制建设的闭环管理，提升风险分级管控和隐患排查治理能力。

通过定期评价能够使过程管理的符合性、管理体系运行的有效性得到持续改进。因此建议铁路单位主要负责人每年至少组织1次双重预防机制运行评价，对本单位双重预防机制的各项制度与流程的内部执行有效性和对法律法规、规程、规范、标准及其他相关规定的适宜性进行评估，评估体系实施运行效果，适时调整制度、流程、职责分工等内容，形成双重预防机制年度运行分析报告，用于指导下一年度机制运行。

8.1.1　评价的目的和作用

铁路双重预防机制实施效果评价的主要流程包括：

(1)明确效果评价的目标与对象。

(2)确定效果评价的周期。

(3)成立考核组。

(4)确定效果评价的最终方案。

(5)效果评价的实施。

(6)评价报告编制。

(7)评价后的改进优化。

从总体上讲，机制评价是判断铁路双重预防机制符合评价准则的程度，用以检查铁路双重预防机制的适宜性、符合性、充分性和有效性。具体说，评价工作主要有以下几个方面的目的：

(1)评判是否建立了完善的铁路双重预防机制，且满足国家标准或行业管理文件的要求。

(2)查找铁路双重预防机制存在的不足，及时发现安全管理中存在的问题，组织力量加以纠正和预防。

(3)评价作为一种自我改进的机制，使铁路双重预防机制持续有效地保持其有效性，并能不断改进，不断完善。

(4)提高风险辨识的质量、促进风险辨识结果的应用。

(5)评判铁路双重预防机制是否得到有效运行。

(6)评判在实现目标和所要求的结果方面，过程和系统的有效性和效率。

(7)评判铁路双重预防机制的效果是否持续改进。

8.1.2 评价的工作重点

铁路双重预防机制的评价是一个结构化、系统化的过程，科学的组织、合理的评价流程，对提高铁路双重预防机制评价的有效性非常重要。

为规范铁路双重预防机制内部评价工作，铁路需建立并保持评价方案和程序，既要明确评价的范围、频次、方法和能力要求，又要明确实施评价和报告结果的职责和要求。铁路双重预防机制评价中重点工作包括制定评价方案、评价准备、现场评价的实施、评价报告编制和评价后续活动。

(1)制定评价方案

评价方案是针对特定时间段所策划的、具有特定目的的、用于完成一组(一次或多次)评价的工作安排。评价方案包括策划、组织和实施评价的所有必要的活动。

为了确保铁路单位的内部评价和外部评价工作能有计划有组织的实施，铁路应在每年初编制年度的评价方案，将一个评价年度内需要进行的内部评价和外部评价工作在该评价方案中做出安排。评价方案一般由铁路双重预防机制主管部门(或安全管理部门)负责起草，由铁路双重预防机制的管理者代表(或分管领导)评价批准后，正式行文下发。评价方案的内容包括评价对象、评价目的、评价范围、评价时间、评价方式以及评价组等。

(2)评价准备

按照评价方案确定的时间、范围、方法，铁路单位在每次评价前需提前准备，以确保评价过程的可控性、评价工作的有效性。在评价准备阶段，需要对以下活动进行精心准备和周密安排。

真实反映铁路单位双重预防机制运行状况的评价报告能够让铁路单位真正受益，具有十分重要的作用。

(1)评价报告的内容

评价报告的内容至少包括扉页、目录；概要、发现的事实、附件。评价报告中应将所有评价发现报告给受评价方，报告要求表达清晰、逻辑合理、排版整齐。

(2)评价报告的重点

由于铁路双重预防机制评价不同于安全检查，其主要关注体系及其运行的符合性、充分性和有效性。因此，评价报告重点应报告铁路单位在双重预防机制管理中存在的偏差，具体包括：

①领导者的重视程度和推动力。

②铁路双重预防机制制度、程序、标准的完整性和质量。

③危险源辨识和风险评估的质量。

④风险分级管控的质量。

⑤隐患排查治理的质量。

⑥人员的知识、技能和态度，员工安全意识。

⑦铁路单位安全文化，以人为本、全员参与的氛围。

⑧监督检查机制与执行情况。

⑨生产系统及设施、设备状况。

⑩作业环境状况。

⑪计划管理与贯彻落实情况。

⑫信息沟通与交流的质量。

8.1.5　评价后续活动

评价完的后续活动分为依据评价结果的持续改进、问责工作的推进以及对评价结果中的不符合项进行整改跟踪。

(1)依据评价结果的持续改进

评价发现的与铁路双重预防机制要求不符合项，为铁路单位安全管理提供了改进的方向。铁路单位持续改进从双重预防机制制度和管控方法的修改完善以及风险数据库的持续完善三方面入手，具体改进措施详见8.2节和8.3节。

(2)问责工作的推进

铁路单位要进一步把目标管理责任层层分解，细化到位，落实全员全方位安全责任，就要推进问责工作。

问责过程中的要点如下：

①问责主体

负责铁路双重预防机制的相关部门和工作人员，以及对其进行监督的上级部门和领导。

②问责对象

在铁路双重预防机制建设过程中，违反法律法规、规章制度、工作纪律等行为的责任人。

③问责内容

主要包括对违反铁路单位规定的行为进行责任追究。

④问责方式

包括责令整改、通报批评、行政处分、党纪处分等，对严重违法行为还可能追究刑事责任。

⑤问责程序

明确问责的启动、调查、处理、反馈等环节，确保问责的公正、公平和透明。

⑥问责结果运用

将问责结果作为评价铁路双重预防机制部门领导班子、领导干部的重要依据，对重复违法违纪的单位或个人，应加大问责力度。

(3)整改跟踪

建立问责机制后，铁路单位也要对评价报告中的不符合项进行整改跟踪，铁路单位双重预防机制主管部门在对不符合项进行整改时应安排人员对评价报告中提出的不符合项整改情况进行跟踪验证，以确保所有不符合项得到有效整改。

重点关注以下方面：

①参与责任单位整改措施有效性的审查。

②监督责任单位和人员对整改工作的落实情况。

③跟踪整改行动，确保其按计划执行。

④验证整改措施的效果。

8.2　铁路双重预防机制持续改进的触发

铁路双重预防机制的持续改进是确保该机制有效运行并不断提升的关键环节。

8.2.1　持续改进机制概述

在传统安全生产管理模式中，多是事故发生后进行处理，而双重预防机制坚持“关口前移”，杜绝“事后发力”。在实际项目执行过程中，要根据 PDCA 循环进行持续改进。

(1)动态评估与更新完善

应定期对双重预防机制的运行效果进行评估,重点评估风险管控措施的适宜性、隐患排查任务的可操作性等内容,以确保其持续适宜性、充分性和有效性。

(2)隐患治理与闭环管理

在隐患治理过程中,各层级岗位人员需针对隐患排查过程中发现的问题,开展闭环治理,确保隐患得到及时整改,并对治理效果进行验收。

(3)全员参与与责任落实

将双重预防机制建设的各项责任分解落实到铁路单位的各层级领导、各业务部门和每个具体工作岗位,确保责任明确,形成全员参与、全过程控制的良好局面。

(4)激励约束机制

通过建立激励约束机制,激发员工从"被动遵守"转向"主动防御",形成持续改进的内生动力。

8.2.2 持续改进的条件触发

根据评价结果来进行改进及修正,并且遇到以下变动情况需要触发持续改进机制。

(1)法律、法规、规章、标准重大变化

铁路行业受国家法律、法规、规章以及各类标准的严格规范与约束。一旦这些依据发生重大变动,例如安全生产相关法规对安全责任的界定更为细化,或者新的铁路工程建设标准对设施设备的安全性能指标提出了更高要求,这就意味着铁路单位原有的双重预防机制所依托的规则基础产生了根本性改变。

(2)铁路新建、改建、扩建项目

当开展铁路新建项目时,全新的线路规划、站场布局以及配套设施的建设,意味着引入了大量全新的危险源。对于改建、扩建项目而言,既有铁路设施设备的改造升级,施工过程中与既有运营线路的交叉作业等情况,同样会打破原有的风险平衡。铁路单位需在项目规划阶段就同步启动双重预防机制的更新工作,联合设计、施工等多方面专业力量,针对项目特点重新开展全面的风险辨识,制定与之适配的管控措施,融入项目建设与运营的全过程管理中,从源头上保障项目安全。

(3)生产工艺和关键设备变化

铁路运输生产工艺的革新,诸如列车运行调度模式从传统人工为主转变为高度自动化智能调度,或者关键设备的更新换代,如新型高速列车投入运营、信号系统全面升级等情况,都会使铁路运营的风险特性发生显著改变。

(4)铁路外部环境重大变化

铁路外部环境涵盖面广泛,当出现重大变化时,对铁路运营安全影响深远。比如,铁路沿线周边城市建设快速发展,原本偏远的铁路线路周边兴建了大量居民区、商业区,人员和交通流量剧增,这就增加了铁路沿线的治安管理难度,以及因外部交通干扰导致铁路运营事故的风险。

(5)铁路交通事故或相关行业发生事故

一旦发生铁路交通事故,无论事故大小,都清晰暴露出既有双重预防机制在某些环节存在漏洞与不足。事故原因可能涉及风险识别不全面、管控措施执行不到位、隐患排查治理不彻底等多个方面。

(6)组织机构变化

铁路单位内部组织机构的调整,如部门职能的重新划分、管理层级的精简或增加、人员岗位的大规模变动等,会对双重预防机制的执行体系产生直接冲击。新的部门架构可能导致安全管理职责不清,不同部门间的沟通协作不畅,影响风险管控和隐患排查工作的高效开展。

(7)隐患排查治理发现风险管控缺失和漏洞

隐患排查治理工作是双重预防机制的重要实践环节,当在这一过程中发现风险管控存在缺失和漏洞时,铁路单位应立即采取行动。同时铁路单位要深入分析原因,对风险识别方法进行优化,补充完善风险管控措施,加强对员工的培训与监督考核,形成从发现问题、分析问题到解决问题的闭环管理,持续改进双重预防机制,提升安全管理的有效性。

(8)铁路单位认为应当修订的其他情况

铁路单位在日常运营管理过程中,基于对市场变化、客户需求、新技术应用等多方面因素的综合考量,可能认为存在其他需要对双重预防机制进行修订的情况。铁路单位应充分发挥主观能动性,组织专业团队进行深入研究论证,及时对双重预防机制制度办法和管控措施进行修订完善,确保机制始终贴合实际运营需求,为铁路运输安全提供有力保障。

8.3 铁路双重预防机制的持续改进措施

铁路双重预防机制就是要准确把握安全生产的规律,坚持以风险分级管控为核心,坚持超前防范,关口前移,从风险辨识入手,以风险管控为手段,把风险控制在隐患形成之前,并通过隐患排查治理及时找出风险控制过程中存在的漏洞,把隐患控制在事故发生之前。铁路双重预防机制建设的实质是在系统、全面识别生产作业过程的危险源和风险的基础上,通过控制危险源实现风险管控或事故控制。而风险清单是作为现代铁路单位安全管理的基础,是铁路单位从原有的经验化管理过渡到系统化管理的依据。在实际项目执行过程中,技术、管理、数据库和信息化优化管理这四个维度是推动铁路成功运行的关键因素。

8.3.1　技术措施的改进

利用大数据分析、人工智能等技术,对采集的大量风险数据进行更加深度的挖掘和更加全面的分析,预测风险的发展趋势和可能影响范围。例如,通过分析设备故障的历史数据和实时监测数据,预测设备的剩余使用寿命和故障发生概率,为设备的维修计划制定提供科学依据。利用传感器、物联网等技术,对铁路沿线的轨道、桥梁、隧道、信号设备、机车车辆等进行实时监测,采集设备的运行参数、磨损情况、应力变化等数据。比如,通过在钢轨上安装应变传感器,监测钢轨的受力和变形情况,及时发现钢轨的损伤隐患;对机车车辆的关键部件,如轴承、齿轮等,安装振动传感器和温度传感器,实时掌握其运行状态。

8.3.2　管理措施的优化

(1)风险管控精细化

持续深入的开展风险辨识和评估工作,细化风险分级标准,针对不同等级的风险制定更加精准、具体的管控措施。例如对于高等级风险的作业环节,不仅要制定严格的操作规程,还要加强现场监督和人员培训;对于低等级风险的风险点,也不能忽视,要定期进行检查和维护。

(2)强化隐患排查治理闭环管理

完善隐患排查治理流程,明确各部门、各岗位在隐患排查、报告、整改、验收等环节的职责,确保隐患能够及时发现、及时整改、彻底消除。建立隐患排查治理信息系统,实现隐患的全过程跟踪和管理,对隐患整改情况进行实时监控和督促。

(3)持续完善协同管理机制

加强铁路内部各部门之间(如车务、机务、工务、电务等)以及铁路与外部相关单位(如地方政府、气象部门、应急救援机构等)的协同合作。建立信息共享平台,及时传递风险信息和隐患排查治理情况;制定联合应急处置预案,定期开展联合演练,提高应对突发事件的协同处置能力。

人员层面也要进行持续改进,详见第7章。

8.3.3　风险数据库的完善

(1)强化数据分析利用

在双重预防机制的技术层面管理中,风险数据库堪称核心枢纽,其数据质量直接关乎整个信息系统的技术效能发挥。从数据采集伊始,便涉及一系列关键技术管理要点。

风险辨识人员需借助先进的风险辨识技术工具,如智能化的风险扫描软件、基于大数据分析的风险预测模型等，来确保风险辨识的全面性与评估的准确性，这一过程是对技术应用能力与人员实操技术水平的双重考验，只有严把这一数据入口关，才能为后续技术流程提供可靠的原始数据基础。

数据的分析利用更是技术层面管理的重要环节。运用数据挖掘技术、机器学习算法等前沿技术，从海量风险数据中提取有价值的信息，如精准识别风险演变趋势、定位频繁出现风险的关键技术环节等，从而助力技术团队针对性地提出更加优化的风险管控技术方案，从而提升整体风险防控技术水平。

在数据传输与存储的技术安全防护方面，对传输至系统和铁路智能化信息平台间的数据进行加密处理，采用先进的加密算法技术，如 SSL/TLS（传输层安全协议）加密协议，确保数据在传输过程中的安全性与保密性。同时，部署防火墙、入侵检测等技术防护措施，实时监测并抵御网络攻击，防止恶意程序入侵导致数据泄露，全方位守护风险数据库这一技术核心的安全稳定运行，保障整个双重预防机制信息系统在技术层面的可靠运转。

（2）规范风险数据标准

规范且科学的标准数据，是实现铁路单位各专业领域、各部门之间风险数据顺畅交换、资源高效共享以及无缝对接的重要前提条件，对于推动信息系统高质量、有序化运行，实现数据更高效、更准确的传输与应用起着不可或缺的作用。

铁路单位应组织多专业专家团队，结合行业标准、法规要求以及自身运营实际，制定一套涵盖风险数据格式、编码规则、字段定义、数据分类等多方面内容的统一标准。在风险数据格式方面，明确规定结构化数据、半结构化数据以及非结构化数据的存储与呈现格式，例如结构化数据统一采用关系型数据库表结构存储，半结构化数据遵循 XML 或 JSON 格式规范，非结构化数据（如文档、图片等）依据特定文件格式标准存储。针对编码规则，制定详细的风险类别编码、设备编码、作业活动编码等规则，确保不同来源数据在编码层面的一致性与兼容性。在字段定义上，对风险名称、风险描述、风险等级、风险发生可能性、影响程度等关键字段进行精准定义，消除因理解差异导致的数据不一致问题。通过规范数据分类标准，将风险数据清晰划分为安全风险、运营风险、设备风险、环境风险等类别，便于数据的分类管理与查询应用。各专业、各部门在数据采集、录入、传输等环节，均严格遵循这套统一标准执行，打破数据孤岛，促进数据在铁路单位内部的自由流通与深度融合，充分发挥风险数据库在铁路双重预防机制中的协同增效作用，提升整体安全管理效能。

8.3.4 信息化管理系统的提升

铁路单位双重预防机制管理信息系统主要研究如何使用现代计算机技术和信息技术对双重预防机制信息资源进行有效管理，实现双重预防机制管理事务的有序化、系统化和自动化,达到保障铁路运输生产和非生产活动安全的目的。

(1)融合移动信息平台

在双重预防机制管理信息系统的庞大架构中,涉及与风险和隐患管理相关的海量信息。这些数据来源广泛,涵盖生产环节中设备的实时运行参数、人员的工作状态记录、原材料的流转数据等,种类繁杂且数量庞大。而各个不同来源、不同种类数据能否及时、准确录入,成为双重预防机制管理信息系统得以顺畅运行的基石,更是决定系统时效性的核心要素。只有将数据迅速、精准地录入系统,才能实现对铁路单位运营过程中各类风险的全面识别、科学评估和实时监测。例如,生产数据中的设备异常振动频率,若能及时录入系统,经数据分析模型处理,便可提前预警设备故障风险,为维修维护争取宝贵时间,避免生产停滞。

①传统数据平台的不足

然而,实际操作中,因相关数据数量过于庞大,常出现数据录入不及时的状况。传统数据录入方式依赖人工手动操作,面对海量数据,录入人员往往不堪重负,导致录入工作耗时较长,极大地影响了数据的时效性。这不仅使得风险监测存在滞后性,还可能让一些潜在隐患在数据更新的间隙悄然扩大,给铁路单位安全生产带来威胁。

②移动信息平台的必要性

在此背景下,双重预防机制移动信息平台应运而生。它巧妙地采用先进的移动信息技术和工具,与现有的基于PC端(个人计算机端)的双重预防机制管理信息系统实现数据共享。借助移动设备的便携性与实时联网特性,该平台为用户提供了更加方便、快捷的信息录入功能。工作人员身处生产一线时,无需再回到办公室在电脑端录入数据,只需掏出手机或平板电脑,通过移动信息平台的简洁界面,便能随时随地将现场采集到的风险隐患信息,如设备的突发故障细节、作业环境中的安全隐患照片等,迅速录入系统。同时,平台还具备便捷的查看功能,管理人员无论在外出差还是在单位内部走动,都能随时查阅最新的风险数据、隐患排查进度等关键信息,及时掌握单位安全动态。在信息处理方面,平台可自动对录入数据进行初步筛选与分类,将重要紧急信息第一时间推送至相关负责人,便于其快速响应处理。这一系列功能极大地方便了管理人员对出现的问题进行及时管控,提升了管理效率。

从宏观层面来看,移动信息平台已然成为当前信息化建设的一个重要方向,更是未来双重预防机制管理信息系统发展的必然路径之一。移动端所提供的便利性、及时性,与传统电脑端系统形成了优势互补。对于一线员工而言,操作简单的移动平台极大地降低了数据录入门槛,激发了他们参与安全管理的积极性,促进了系统在基层的广泛使用。对于管理人员来说,随时随地办公的特性,让他们能够更高效地调配资源、制定决策,推动双重预防机制在铁路单位各个层面的有效落地,切实提高了风险管控和隐患治理的实际效果,为铁路单位安全生产保驾护航。

(2)扩展模块

可拓展个人安全绩效评估、应急资源管理、现场电子巡检、供应商(外包方)信用管理、视频行为分析、设备生命周期管理、安全教育培训考试管理、电子作业票管理、重要生产数据实时监测管理、营业线施工、值班管理等其他典型场景。

①个人安全绩效评估,支持安全生产目标责任的制定、分解、实施、检查、汇总分析以及指标考核管理等功能。

②应急资源管理,包括应急预案、应急演练计划及实施、应急物资、应急通信、应急总结评估等内容。

③现场电子巡检,支持自定义配置不同的巡检参数,如温度、压力、风(水、气、电)管路有无跑冒、滴漏等;系统可对设备中关键参数设定正常值范围,超正常值时,系统可自动将报警信息实时推送给相关责任人。

④供应商(外包方)信用管理,包括供应商(外包方)单位基本信息、单位资质、外包方作业团队信息记录、供应商评价、供应商(外包方)违章记录、供应商(外包方)人员基本信息、人员资质证书、供应商(外包方)及人员黑名单等信息。

⑤视频行为分析,针对铁路单位的重点区域与高等级风险环节,基于人工智能的视频动态监控预警管理。

⑥设备生命周期管理,建立涵盖新入库设备、设备保养、设备运行状态、设备检修、设备报废等全流程的信息化监测系统。建立台账管理、保养维修管理、变更管理等功能。

⑦安全教育培训考试管理,支持培训资料、培训计划、在线学习、培训档案的管理功能;支持在线考试管理,支持题库、试题、试卷、评分的管理功能。

⑧电子作业票管理,支持在线申请、审批及电子签名、导出、打印、归档各类特种作业票。

⑨重要生产数据实时监测管理,支持将 HMIS 系统(铁路货车技术管理信息系统)、5T(铁路车辆运行安全监控)监测预警等数据与监测平台进行对接,预警未在规定时间处理的要实现电脑端、移动端信息推送功能。

附录

国家铁路局文件

国铁安监规〔2023〕9号

国家铁路局关于印发《铁路安全风险分级管控和隐患排查治理管理办法》的通知

国铁集团、国家能源集团，中国中铁、中国铁建、中国中车、中国通号、中国物流，各地方铁路运输企业，各地区铁路监管局，各铁路安全监督管理办公室，机关各部门：

现将《铁路安全风险分级管控和隐患排查治理管理办法》印发给你们，请遵照执行。

国家铁路局

2023年3月10日

铁路安全风险分级管控和隐患排查治理管理办法

第一章　总　　则

第一条　为规范和加强铁路安全风险分级管控和隐患排查治理工作，推进事故预防工作科学化、信息化、标准化，实现把风险控制在隐患形成之前、把隐患消灭在事故前面，根据《中共中央　国务院关于推进安全生产领域改革发展的意见》《中华人民共和国安全生产法》《中华人民共和国铁路法》《铁路安全管理条例》《铁路交通事故应急救援和调查处理条例》《国务院安委会办公室关于实施遏制重特大事故工作指南构建双重预防机制的意见》等有关规定，制定本办法。

第二条　从事铁路建设、运输、设备制造维修的生产经营单位的铁路安全风险分级管控和隐患排查治理双重预防机制（以下统称双重预防机制）建设及其监督管理工作适用本办法。

从事铁路建设的单位主要包括铁路建设工程的建设、勘察、设计、施工、监理等生产经营单位。

从事铁路运输的单位主要指国家铁路运输企业生产经营单位、地方铁路运输企业以及铁路专用线和专用铁路运营管理企业的生产经营单位。

从事铁路设备制造维修的单位主要指铁路设备设计、制造、维修的生产经营单位。

上述从事铁路建设、运输、设备制造维修的生产经营单位在本办法中统称铁路单位。

第三条　铁路双重预防机制建设工作应当遵照法律法规要求，坚持中国共产党的领导，坚持人民至上、生命至上，树牢安全发展理念，坚持安全第一、预防为主、综合治理的方针，坚持“三个必须”原则，进一步强化和落实生产经营单位主体责任和政府监管责任，立足从源头上管控安全风险，消除事故隐患，按照全面覆盖、分级管理、科学施策、动态实施的建设要求，推动形成生产经营单位负责、职工参与、政府监管、行业自律和社会监督的工作格局。

第四条　铁路单位是双重预防机制建设的责任主体，应当健全风险防范化解机制，保证经费投入，推进智能化、信息化管理平台建设，对安全风险全面管控，对事故隐患治理实行闭环管理，保证安全生产。

铁路单位主要负责人对本单位双重预防机制建设全面负责，组织建立并落实双重预防机制，督促、检查本单位的安全生产工作，及时消除生产安全事故隐患。

铁路单位委托第三方机构提供双重预防机制建设相关技术服务的，保证安全生产的责任仍由本单位负责。

第五条 国务院铁路行业监督管理部门指导并监督管理全国铁路单位双重预防机制建设管理工作。铁路监督管理机构对本辖区内铁路单位双重预防机制建设实施监督管理。国务院铁路行业监督管理部门、铁路监督管理机构统称铁路监管部门。

第二章 安全风险分级管控

第六条 铁路安全风险(以下简称风险)是铁路生产安全事故(含铁路交通事故)、故障或特定危害事件发生的可能性与后果严重性的组合。

风险点是指存在安全风险的设备设施、部位、场所和区域,以及在设备设施、部位、场所和区域实施的伴随风险的作业活动,或以上两者的组合。

第七条 风险按业务领域分为铁路运输风险、铁路工程建设风险、铁路设备设施风险、沿线环境风险和其他风险五个类型。

铁路单位结合所属业务领域,按照《企业职工伤亡事故分类》《生产过程危险和有害因素分类与代码》《铁路交通事故应急救援和调查处理条例》及有关行业法律法规、规章标准等要求,综合考虑各类致险因素,细化风险类别。

第八条 风险等级一般从高到低划分为重大风险、较大风险、一般风险、低风险四个等级,分别用红、橙、黄、蓝四种颜色标示。

第九条 铁路单位应当建立安全风险分级管控制度,依据国家及行业相关安全生产法律法规、规章、标准及规范性文件等规定,全面开展安全风险辨识,科学评估风险等级,分级采取措施有效管控安全风险,实施安全风险公告及监测警示,加强动态管理,从源头上防范化解重大风险,实现风险等级逐步降低、安全风险有效管控。

第十条 铁路单位应当针对本单位生产经营活动范围及其生产经营环节,按照相关法规标准要求,明确风险辨识范围、方式和程序,突出高铁和旅客列车风险,以及系统性、区域性、多发性和偶发性风险,组织相关部门、专业、有关专家和全体员工辨识安全风险。

第十一条 铁路单位风险辨识分为全面辨识和专项辨识。

全面辨识每年开展一次,由铁路单位主要负责人组织开展,采取安全绩效奖惩等有效措施,全方位、全过程辨识生产工艺、设备设施、作业环境、人员行为和管理体系等方面存在的风险。新建、改建铁路建设工程投入运营前,应当组织开展全面辨识。

专项辨识根据需要开展,重点分析阶段性、临时性或者特定专业的风险动态辨识。专项辨识由铁路单位主要负责人或指定安全管理部门、有关业务部门组织开展。

第十二条 遇有下列情况时,铁路单位应当开展专项风险辨识。

（一）法律法规规章、标准、管理制度等发生较大变化；

（二）新设备、新技术、新工艺、新材料等投入使用；

（三）技防措施、物防手段升级或变更；

（四）Ⅲ级以上营业线施工，以及在建铁路工程中特殊结构、复杂地质等危险性较大工程施工或关键作业施工前；

（五）季节变化或恶劣气象条件前；

（六）重要节假日等铁路运输高峰期或者重大活动前；

（七）发生典型事故、严重故障或安全事件等；

（八）人员、设备、工作程序、环境发生较大变化或运输生产组织发生较大调整；

（九）新建、改建危险货物装卸、储存作业场所和设施，在既有作业场所增加办理危险货物品类，以及危险货物新品名、新包装和首次使用铁路罐车、集装箱、专用车辆装载危险货物的；

（十）其他需要开展风险动态研判的情况。

第十三条 铁路单位结合生产特点和安全生产历史数据资料，选择定性或定量的风险评估方法，按照从严从高的原则，对辨识出的风险逐项评估确定风险等级。

安全风险评估过程应当突出遏制重特大事故，重点关注暴露人群，聚焦重大危险源、劳动密集型场所、高危作业工序和受影响的人群规模。

第十四条 铁路单位应当依据风险的等级、类型等，按照规章制度、技术标准等要求，从组织、制度、技术、应急等方面逐项制定科学合理的管控措施，对呈现规律变化特征或长期存在的风险，应当将管控措施固化到安全管理体系中。重大风险管控措施中应当包含专项应急措施。

第十五条 铁路单位应当根据本单位风险类别和等级合理确定管控层级和专业，完善风险管控责任体系，上一级负责管控的风险，下一级必须同时负责管控，将风险管控责任纳入全员安全生产责任制并严格落实，保障必要的投入，确保风险受防、受控。

重大风险应当由铁路单位主要负责人组织制定管控措施，健全人防、物防、技防手段涉及多家铁路单位的重大风险应当由其共同的上一级单位、企业统筹制定，铁路建设工程的由工程建设单位统筹制定。较大以下等级风险由铁路单位负责人或其派出机构负责人、安全生产管理人员组织制定管控措施。

第十六条 铁路单位应当建立健全风险预警机制，明确预警条件，推动安全风险监测预警设备应用，对风险点实施监测和预警，及时掌握风险的状态和变化规律，防范事故发生。

重大风险应当制定专项动态监测计划，明确预警条件，采取有效措施实施超前预测、动态监测、主动预警，动态更新监测情况，每年对风险管控措施进行评估改进，监测评估情况单独建档。重大风险进入预警状态的，应当立即发出预警，通知相关管理和作业人员，采取针对性应急措施。

第十七条　铁路单位应当如实记录风险辨识、评估、监测、管控等情况，规范风险管理档案。

铁路单位结合实际建立本单位统一的风险库，主要包括风险名称、风险类别、风险点、风险等级、风险描述及危害程度、管控措施、管控层级及部门、管控岗位及责任人等内容。

第十八条　铁路单位应当实施风险降低工作制度。对于重大风险，应当针对不同致险因素，立即采取人防、物防、技防等措施降低风险等级。对于较大风险、一般风险和低风险，宜在综合考虑风险管理成本和效益的基础上，采取经济有效的风险降低措施。

出现新的致险因素，或风险管控措施失效、弱化，管控责任人应当及时报告，经风险评估后动态调整风险等级和防控措施。采取措施后风险得到有效管控，经评估可以降低或解除风险等级。重大风险等级降低或解除须经单位主要负责人组织评估。

第十九条　铁路单位要建立完善风险公告制度，绘制企业“红橙黄蓝”四色安全风险空间分布图，通过安全手册、公告栏、作业风险提示卡、岗位风险告知卡、网络宣传等方式将风险基本信息、应急信息及报告方式等内容告知进入风险工作区域的人员，指导督促做好安全防范。

对存在重大风险的工作场所、岗位和设备设施，应当设置明显的警示标志，标明重大风险危险特征、可能发生的事件后果、安全防范和应急措施。

第二十条　铁路单位应当将本单位重大风险的登记、预警和等级调整等信息按照管辖原则及时报告所在地铁路监管部门、其他负有安全监督管理职责的部门或地方人民政府相关部门。

第二十一条　铁路单位应当将风险基本情况、管控措施和应急处置等纳入本单位安全生产教育培训和应急演练，严格关键岗位人员的风险意识和专业技能水平培训考核。

铁路单位应当对重大风险影响区域的本单位从业人员组织开展安全防范、应急逃生避险和应急处置等相关宣传、培训工作，定期组织应急演练，并将相关情况告知影响范围内的其他单位和人员。

第三章　隐患排查治理

第二十二条　铁路生产安全事故隐患（以下简称隐患）是指铁路单位违反国家和铁路相关安全生产法律、法规、规章、标准、规程和安全生产管理制度的规定，或因其他因素在生产经营活动中存在可能导致事故的物的危险状态、人的不安全行为、环境的不安全因素和管理上的缺陷。

第二十三条 隐患分为重大隐患和一般隐患。重大隐患是指危害和治理难度大,应当全部或者局部停产停业,并经过一定时间整改治理方能消除的隐患,或者因外部因素影响致使铁路单位自身难以消除的隐患。一般隐患是指除重大隐患外,可能导致事故发生的隐患。

铁路重大事故隐患由铁路行业监管部门另行颁布。一般隐患等级可由相关单位结合实际进行细化。

第二十四条 隐患按业务领域分为铁路运输隐患、铁路工程建设隐患、铁路设备设施隐患、沿线环境隐患和其他隐患五个类型。

铁路单位结合所属业务领域,按照《生产安全事故报告和调查处理条例》《铁路交通事故应急救援和调查处理条例》《铁路交通事故调查处理规则》等,细化隐患类别。

第二十五条 铁路单位应当建立健全并落实隐患排查治理和建档监控等制度,逐级建立并落实隐患排查治理和考核制度,推动全员自主开展隐患排查,做到责任、措施、资金、时限、预案五到位,实现隐患排查、登记、评估、报告、监控、治理、销号的全过程记录和闭环管理。

铁路单位应当积极应用信息化、智能化技术手段和安全性能水平高的新工艺、新材料、新技术和新装备,减少和消除隐患。

第二十六条 铁路单位应当建立隐患日常排查、定期排查和专项排查工作机制,结合本单位风险及防控情况,明确隐患排查的责任部门和人员、排查范围、程序、频次、统计分析、效果评价和评估改进等要求,组织安全生产管理人员、工程技术人员和其他人员排查本单位的隐患。

隐患排查可与风险辨识统筹结合开展,针对排查出的隐患应当同步开展风险辨识与管控。

第二十七条 日常排查是指铁路单位结合日常工作组织开展的经常性隐患排查,排查范围应当覆盖日常生产作业环节、生产岗位、设备设施、生产活动区域和外部环境。

第二十八条 定期排查是指铁路单位根据生产经营活动,结合设备特点,按相关规定组织开展涵盖全部铁路生产经营领域、环节的隐患排查。

第二十九条 专项排查是指铁路单位在一定范围、领域组织开展的针对特定隐患的排查。遇到以下情况之一的,应当开展专项排查:

(一)国家或行业监管部门工作部署,如阶段性安全大检查、重要节假日等铁路运输高峰期或者重大活动前等;

(二)季节性、规律性安全生产条件变化,如防汛、防火、铁路设备检查鉴定、冬施、春融、开复工、重点或集中施工作业期间等;

（三）新设备、新技术、新工艺、新材料投入使用，或新建、改建铁路建设工程投入运营前，如关键设施设备更新改造等；

（四）发生典型事故、严重故障或安全事件；

（五）需开展专项排查的其他情况。

第三十条　铁路单位对发现或排查出的隐患，应当如实记录隐患排查情况，主要包括排查对象或范围、时间、人员、安全技术状况、处理意见等内容，经排查有关责任人签认后形成隐患信息档案，通过隐患信息系统登记。

第三十一条　铁路单位按照相关隐患判定标准评估隐患等级。重大隐患应当依据铁路监管部门或相关部门制定的重大隐患判定标准，按照有关规定通过现场论证、综合判定等方式开展评估。

第三十二条　铁路单位应当指定专门机构负责本单位安全生产隐患治理的管理工作，根据生产经营特点，定期检查本单位的安全生产状况，及时组织排查隐患，提出改进安全生产管理的建议。

第三十三条　从业人员发现隐患或者其他不安全因素，应当立即向现场安全生产管理人员、本单位负责人或者列车调度员、车站值班员报告，接到报告的人员应当及时予以处理。

安全生产管理人员应当对本单位安全生产状况进行经常性检查，对检查发现的一般隐患立即处理。对不能立即处理的一般隐患和检查发现的重大隐患，应当及时报告本单位有关负责人，有关负责人应当及时组织制定整改措施并督促落实整改销号。

第三十四条　一般隐患由铁路单位负责人或安全生产管理人员按照职责分工，采取技术、管理措施，及时组织治理消除，未治理消除前应当制定可靠的安全控制和防范措施。

第三十五条　铁路单位应当及时消除重大隐患。其中，因铁路单位自身原因造成的重大隐患，由铁路单位或其上级单位组织制订并实施隐患治理方案。因其他生产经营单位原因造成的重大隐患，由铁路单位协调相关单位及时消除。

重大隐患治理方案应当包括以下内容：

（一）治理的目标和任务；

（二）采取的方法和措施；

（三）经费和物资的落实；

（四）负责治理的机构和人员；

（五）治理的时限和要求；

（六）隐患未消除前的安全措施和应急预案。

第三十六条　隐患治理过程中，铁路单位应当采取相应的安全防范措施，防范发生生产安全事故。

隐患消除前或者消除过程中无法保证安全的,应当从危险区域内撤出作业人员,并疏散可能危及的其他人员,设置警戒标志、停止作业或停用有关设施设备、封锁线路或关闭车站等。对暂时难以有效实施停止作业或停用有关设施设备、封锁线路或关闭车站等措施的,应当加强监测预警,防止事故发生。

第三十七条 一般隐患整改完成后,应当由铁路单位负责人或其派出机构负责人、安全生产管理人员组织验收,出具整改验收结论,并由验收主要负责人签字确认。

第三十八条 重大隐患治理完成后,铁路单位应当成立隐患治理验收组进行专项验收。隐患治理验收组组长为铁路单位主要负责人,成员由企业结合实际细化。治理验收应当根据隐患暴露出的问题全面评估,出具治理验收结论,并由组长签字确认。

委托第三方服务机构进行专项验收的,隐患治理验收组要对专项验收结论进行确认。

第三十九条 重大隐患治理验收通过后,铁路单位应当将验收结论向铁路监管部门报告,并申请销号。报备申请材料包括:

(一)隐患基本情况及治理方案;

(二)隐患治理过程;

(三)验收机构或验收组基本情况;

(四)验收报告及结论;

(五)下一步改进措施。

重大隐患销号申请未经铁路监管部门审查同意,铁路单位不得擅自改变隐患治理方案确定的安全措施和应急预案等。

第四十条 经排查判定为重大隐患后,铁路单位应当及时向铁路监管部门、有关地方人民政府报告,涉及其他相关行业部门的,应当同时按照有关规定报告。

重大隐患报告内容应当包括:

(一)隐患的现状及其产生原因;

(二)隐患的危害程度和整改难易程度分析;

(三)隐患的治理方案;

(四)隐患治理过程。

第四十一条 重大隐患治理验收后,铁路单位应当对重大隐患形成原因及治理工作进行分析评估,及时完善相关制度和措施,并开展有针对性的培训教育。

第四十二条 铁路单位应当结合信息化平台,对隐患排查治理情况如实记录,根据实际判定隐患等级,明确治理措施、责任部门和人员等,建立隐患信息档案,借助云计算、大数据技术,健全隐患数据库。

隐患数据库应当包括隐患内容、排查时间、隐患等级、治理措施、治理部门和责任人、治理期限、销号情况等内容，其中，重大隐患数据库还应当包括排查部门、隐患类型、排查对象或范围、隐患状况、原因分析、主要治理措施、治理目标、治理进展、临时措施等内容。

隐患排查治理情况应当通过职工大会或者职工代表大会、信息公示栏等方式向从业人员通报。重大隐患排查治理情况应当及时向铁路监管部门或有管辖权的县级地方人民政府及相关部门报告。

第四十三条 铁路单位应当制定隐患自查自治的正向激励措施、职工群众举报隐患奖励制度、隐患治理全员参与机制，鼓励、发动从业人员主动参与排查和消除隐患或不安全因素。

鼓励从业人员、社会公众对生产经营活动中隐患治理责任不落实，危及生产经营安全的行为和状态进行投诉或举报。对发现、消除和举报隐患的有功人员，应当给予物质奖励和表彰，加大对重大隐患举报奖励力度。

铁路单位工会组织发现铁路单位存在隐患时，有权提出解决的建议，铁路单位应当及时研究答复；对危及从业人员生命安全的隐患，有权向铁路单位建议组织从业人员撤离危险场所，铁路单位必须立即作出处理。

第四十四条 铁路单位应当依照本单位相关考核管理制度，对安全风险分级管控和隐患排查治理责任不落实的单位和人员给予严肃处理，推动消除隐患，防范事故发生。

第四十五条 铁路单位将生产经营项目、场所、设备发包、出租的，应当与承包、承租单位签订安全生产管理协议，并在协议中明确各方对发包出租的场所、设备隐患排查、治理和防控的管理职责，对承包、承租单位使用场所、设备的隐患排查治理负有统一协调和监督管理的职责。

铁路单位不得向不具备安全生产条件或者相应资质的单位和个人发包项目或出租场地。

第四十六条 铁路单位应当加强对自然灾害的预防。对于因自然灾害可能导致事故灾难的隐患，应当按照有关法律、法规、标准和本规定的要求排查治理，采取可靠的预防措施，制订应急预案。在接到有关自然灾害预报时，应当分析研判对铁路的影响，适时向相关单位发出预警；发生自然灾害可能危及本单位和人员安全的情况时，应当采取撤离人员、停止作业、加强监测等安全措施，并及时向当地人民政府及其有关部门报告。

第四章　监督管理

第四十七条 铁路监管部门应当将铁路单位双重预防机制建设、运行情况纳入监管重点，结合铁路安全生产标准化建设，组织对铁路单位双重预防机制运行效果和安全生产状况进行整体评估，科学划分安全生产风险等级。坚持分级分类加强监管执法，通过预警、通报、督办、约谈、行政处罚等多种方式，加强对重点领域、重点单位、重大风险和重大隐患的监管，推进联合执法、区域执法和交叉执法，实行安全生产信用风险分类管理制度。

对安全生产标准化自评不合格、整体评估为高风险的铁路单位，应当纳入重点监管主体，实施有针对性的监管，必要的应当“一企一策”强化安全监管，督促指导企业落实主体责任，构建自我约束、持续改进的安全生产内生机制。

对本辖区存在的铁路重大风险、重大隐患应建立档案，加大监管力度，涉及地方人民政府相关部门和其他负有安全生产监督管理职责的部门管理职责的，应当通过铁路沿线安全环境治理机制、各级政府安委会制度等加强沟通协调。

第四十八条 铁路监管部门根据安全生产预警制度，通过形势分析、风险研判和综合评估等方式，针对阶段性、季节性安全风险，系统性、苗头性、倾向性问题等及时发出安全生产预警通知书，提出加强风险管控建议，督促相关铁路单位采取措施，防范风险。

第四十九条 铁路监管部门应当汇总建立辖区重大安全风险清单，加强对重大风险管控情况的监督检查。检查重点内容包括：

（一）重大风险管理制度、岗位责任制建设情况；

（二）重大风险登记、监测管控等落实情况；

（三）重大风险应急措施和应急演练情况。

第五十条 铁路监管部门应当对监督检查发现的安全风险辨识、管控、登记等工作落实不到位的铁路单位采取以下措施予以监督整改。

（一）对未建立完善重大风险管理制度、机制、岗位责任体系的予以预警，督促整改；

（二）对未按规定开展重大风险辨识、评估、登记、公告、改进和应急演练等工作的予以通报，督促限期整改；

（三）对铁路重大安全风险未制定防控措施或应急措施的予以挂牌督办，责令限期整改；

（四）对重大风险控制不力，出现重大险情的对相关铁路单位负责人进行约谈督促采取措施及时整改，并向社会公开；造成严重后果的，依法依规追究相关人员责任；

（五）未建立安全风险分级管控制度或者未按照安全风险分级采取相应管控措施的，责令限期改正，依据《安全生产法》相关规定给予行政处罚等处理。

第五十一条 铁路监管部门监督检查中发现一般隐患，应当责令相关铁路单位立即消除。发现重大隐患，应当责令相关铁路单位立即采取措施开展隐患治理，消除前或者消除过程中无法保证安全的，应当从危险区域内撤出人员、设备，停止作业；重大隐患消除后方可恢复作业。对整改不力的实行约谈告诫、公开曝光，情节严重的依法依规追究相关人员责任。

铁路交通重大事故隐患判定标准（试行）

第一条 为准确判定铁路交通重大事故隐患，根据《中华人民共和国安全生产法》《中华人民共和国铁路法》《铁路安全管理条例》《铁路交通事故应急救援和调查处理条例》等法律法规要求，制定本判定标准。

第二条 本判定标准适用于判定铁路交通重大事故隐患。

第三条 铁路交通重大事故隐患主要包括铁路主要行车设备设施、铁路运输生产、铁路沿线环境、安全管理和灾害防范及应急处置等5个方面。

第四条 铁路主要行车设备设施重大事故隐患，是指铁路主要行车设备设施在勘察、设计、施工、监理、制造、监造、养护维修等环节失管失控，极易直接导致列车脱轨、冲突、相撞、火灾、爆炸重大及以上事故或者人员群死群伤事故的隐患，有下列情形之一的：

（一）动车组和客运机车车辆的走行部存在轮轴折断、悬吊部件断裂脱落，制动系统存在制动失效放飏，电气系统存在配线短路起火的；动车组、客运机车车辆未按规定使用耐火材料，消防器材配备不到位，擅自加装改造高压电器设备，高压油管路密封严重不良的；

（二）高速铁路和旅客列车运行区段主要行车基础设备设施、动车组和客运机车车辆未按要求定期进行中修、大修及高级修，或者到报废年限未按规定报废仍投入使用的；

（三）铁路专用设备应取得许可而未取得许可或者许可条件不再具备，或者应进行检测检验而未进行检测检验，或者铁路专用设备存在缺陷应召回未召回仍投入使用的；

（四）高速铁路和旅客列车运行区段桥隧、路基、轨道等存在严重隐患，或者轮轨动力学指标严重超限的；

（五）高速铁路和旅客列车运行区段接触网支柱及基础（包括拉线基础）损坏严重、隧道吊柱松脱的；

（六）高速铁路和旅客列车运行区段信号系统设计错误、产品制造缺陷、列控或者LKJ数据错误等，造成联锁关系错误、信号显示升级、列车运行超速的；

（七）与行车相关的铁路控制系统存在设计、制造缺陷的。

第五条 铁路运输生产重大事故隐患，是指铁路运输生产组织过程中的安全关键环节未制定或者未落实相应安全制度措施，极易直接导致列车脱轨、冲突、相撞、火灾、爆炸重大及以上事故或者人员群死群伤事故的隐患，有下列情形之一的：

（一）未制定或者未落实防止错误办理接发旅客列车进路措施的；

（二）未制定或者未落实防止列车冒进措施的；

（三）未制定或者未落实接触网停送电安全措施、防止电力机车带电进入有人作业停电区安全措施的；

（四）未制定或者未落实营业线（含邻近营业线）施工安全管理、现场管控措施的；

（五）未制定或者未落实铁路旅客运输安全检查管理制度的；

（六）未制定或者未落实危险货物运输安全管理制度包装、装卸、运输危险货物的；

（七）匿报谎报危险货物品名、性质、重量，在普通货物中夹带危险货物或者在危险货物中夹带禁止配装的货物，违反充装量限制装载危险货物，应押运的危险货物不按照规定押运的；

（八）进入铁路营业线的铁路机车车辆由未取得相应驾驶资格的人员驾驶的；

（九）应制定装载加固方案的货物未制定或者未落实货物装载加固方案装车的；

（十）未制定或者未落实安全防护措施，在车站候车室、售票厅及行车公寓等人员密集生产场所进行动火作业的；

（十一）通行旅客列车以及公交车或者大中型客运车辆的铁路道口，未制定或者未落实道口看守人员作业标准的；

（十二）对无隔开设备能进入客车进路的货物线、铁路专用线、专用铁路等线路，未制定或者未落实防止侵入客车进路的措施的；

（十三）未取得铁路运输许可证从事铁路旅客、货物公共运输营业的，或者新建铁路线路未经验收合格、未通过运营安全评估，不符合运营安全要求投入运营的。

第六条　铁路沿线环境重大事故隐患，是指在铁路沿线一定范围内从事违反法律法规规定的生产经营活动，极易直接导致列车脱轨、冲突、相撞、火灾、爆炸重大及以上事故的隐患，有下列情形之一的：

（一）在高速铁路和旅客列车运行区段铁路线路安全保护区内，擅自建设施工、取土、挖砂、挖沟、采空作业或者其他违法行为，造成或者可能造成线路几何尺寸变化，线路基础空洞、下沉、坍塌、线路中断，或者施工机具侵入铁路建筑限界的；

（二）高速铁路和旅客列车运行区段铁路两侧危险物品生产、加工、销售、储存场所、仓库，不符合国家标准、行业标准规定的安全防护距离且未签订安全生产协议的；

（三）在高速铁路和旅客列车运行区段跨越、穿越铁路铺设，或者与铁路平行埋设，或者架设的油气管道不符合国家及行业相关规定的；

（四）高速铁路和旅客列车运行区段两侧的塔杆等高大设施，公跨铁桥梁、公铁并行道路、渡槽、线缆等设备设施（含防撞护栏、防抛网等附属设施）及日常管理不符合国家及行业相关规定的；

（五）在高速铁路两侧200m范围内或者有关部门依法设置的地面沉降区域地下水禁止开采区或者限制开采区抽取地下水，影响铁路基础稳定的；

（六）在高速铁路和旅客列车运行区段铁路两侧，事采矿、采石或者爆破作业，不遵守有关采矿和民用爆破的法律法规、国家标准、行业标准和铁路安全保护要求的，或者在线路两侧及隧道上方中心线两侧各1000m范围内从事露天采矿、采石或者爆破作业的；

（七）违反国家《生产建设项目水土保持技术标准》规定，擅自在铁路两侧设置弃土（石、渣）场或者采矿（采空）区，开挖山体、河道等动土作业，造成影响行洪、产生泥石流或者山体滑坡的；

（八）在高速铁路和旅客列车运行区段铁路桥梁跨越处，河道上游500m、下游规定范围内（桥长不足100m的为1000m、桥长100～500m的为2000m、桥长500m以上的为3000m）采砂、淘金的；

（九）在高速铁路和旅客列车运行区段铁路桥梁跨越处，河道上下游各1000m范围内围垦造田、拦河筑坝、架设浮桥或者修建其他影响铁路桥梁安全设施，或者在河道上下游各500m范围内进行疏浚作业的；

（十）在高速铁路和旅客列车运行区段铁路隧道上方山体违规进行钻探作业的；

（十一）高速铁路和旅客列车运行区段两侧铁路地界以外的山坡地水土保持治理不到位，存在溜坍侵入铁路限界现实危险的。

第七条 安全管理重大事故隐患，是指未落实有关法律法规基本要求，未建立或者未落实安全基础管理制度的隐患，有下列情形之一的：

（一）未建立全员安全生产责任制、安全教育培训制度等安全管理制度，或者未建立安全风险分级管控和事故隐患排查治理双重预防工作机制的；

（二）未按规定设置安全生产管理机构、配备专（兼）职安全生产管理人员，或者安全管理相关人员不符合规定的任职要求的；

（三）未按照国家规定足额提取，或者未按照国家、行业规定范围使用安全生产费用的。

第八条 灾害防范及应急处置重大事故隐患，是指未落实相关法律法规、规章标准要求，造成自然灾害防控体系失效，极易直接导致列车脱轨、冲突、相撞、火灾、爆炸重大及以上事故或者人员群死群伤事故的隐患，有下列情形之一的：

（一）高速铁路和旅客列车运行区段自然灾害及异物侵限监测系统主要功能失效未及时修复的；

（二）未制定或者未落实普速铁路旅客列车运行区段Ⅱ级及以上防洪地点和高速铁路防洪重点地段汛期行车安全措施的；

（三）未制定或者未落实自然灾害重大安全风险管控措施的。

第九条 除以上列明的情形外，对其他可能导致铁路交通重特大事故的隐患，由铁路单位依据国家和铁路行业安全生产法律、法规、规章、国家标准和行业标准、规程和安全生产管理制度的规定等进行判定。

第十条 本判定标准自发布之日起实施。

国家铁路局文件

国铁工程监规〔2023〕25号

国家铁路局关于印发《铁路建设工程生产安全重大事故隐患判定标准》的通知

各省、自治区、直辖市人民政府办公厅，国铁集团、国家能源集团、中国建筑，中国通号、中国中铁、中国铁建、中国交建、中国电建，局属各单位，机关各部门：

现将《铁路建设工程生产安全重大事故隐患判定标准》（以下简称《标准》）印发给你们，请遵照执行。

铁路建设工程各参建单位要严格落实重大事故隐患排查治理主体责任，对照《标准》全面排查、准确判定、及时报告、彻底整治各类重大事故隐患，防范化解铁路工程建设过程中的重大风险，守牢安全生产底线。铁路监管部门要积极宣贯《标准》，把《标准》作为重要执法依据，按照有关文件要求，加大执法检查力度，督促参建单位排查、整治重大事故隐患，落实安全生产责任，保障铁路工程安全优质建设。

国家铁路局

2023年9月29日

铁路建设工程生产安全重大事故隐患判定标准

第一条 为科学判定铁路建设工程生产安全重大事故隐患,持续完善铁路建设工程安全风险分级管控和隐患排查治理,有效防范和遏制重特大事故发生,推进铁路建设高质量发展,根据《中华人民共和国安全生产法》《铁路安全管理条例》《建设工程安全生产管理条例》等法律法规,制定本标准。

第二条 本标准适用于判定新建、改建铁路建设工程生产安全重大事故隐患。

第三条 本标准所称重大事故隐患,是指在铁路建设工程施工过程中,存在的危害程度较大,可能导致群死群伤或造成重大经济损失的生产安全事故隐患。

第四条 施工管理中有下列情形之一的,应当判定为重大事故隐患:

(一)专业分包单位无相应资质或未取得安全生产许可证的;

(二)施工、监理、勘察设计单位项目主要负责人超过30日不在岗或未实质开展工作的;

(三)危险性较大工程未按规定编制审批专项施工方案,超过一定规模的危险性较大工程未按规定开展专家论证审查的;

(四)爆破、吊装、有限空间作业、人员密集场所动火等危险作业,未安排专门人员进行现场安全管理或未按要求履行作业审批手续的;

(五)特种作业人员未依法取得资格证书,特种设备未取得使用登记证书即投入使用的;

(六)生产生活区选址未经勘察及安全评估的;

(七)场区内使用货车或报废客车载人的。

第五条 隧道工程有下列情形之一的,应当判定为重大事故隐患:

(一)洞口高陡边仰坡未按设计要求开挖和加固防护,未按要求监测边仰坡变形,变形超出规定值的;

(二)未按规定开展超前地质预报、围岩监控量测,超前地质预报结论与设计不符,监控量测数据异常变化,未采取措施处置的;

(三)擅自改变开挖工法,初期支护未及时封闭成环,仰拱一次开挖长度超过规定值,安全步距超出要求,隧道作业面未配备警报、通信装置的;

(四)反坡排水隧道、斜井的抽排水能力小于设计涌水量,未配置应急备用电源、抽排水设备的;

（五）瓦斯等有毒有害气体隧道施工未安装有毒有害气体监测报警装置，监测报警后仍违规作业的，瓦斯隧道施工未使用防爆型电气设备和防爆型作业机械的；

（六）岩溶及富水破碎围岩区段施工，开挖前未按设计完成泄压或预加固措施的；

（七）作业面出现突泥、涌水、涌沙、局部坍塌，支护结构扭曲变形或出现裂缝，且有不断增大趋势未及时撤离人员的；

（八）复杂地质隧道发生影响工程质量和施工安全的地质灾害后，未采取加强设计措施的；

（九）内燃机车、自轮式运转设备、柴油发电设备在隧道内作业未安装一氧化碳等有毒有害气体监测报警装置的。

第六条 桥涵工程有下列情形之一的，应当判定为重大事故隐患：

（一）水上作业平台、围堰、沉井等未进行专项设计，未按设计施工，施工期实际水位高于设计最高水位，围堰或沉井出现漏水、翻砂涌水、结构变形未及时采取有效措施的；

（二）超过8m（含）高墩施工过程中，模板加固、混凝土浇筑速度不符合专项施工方案要求的；

（三）现浇梁支架、移动模架、挂篮等非标设备设施未经专项设计，未经预压、试吊等现场试验验证即投入使用或不按方案拆除，支架地基承载力不足的。

第七条 地质条件、周围环境和地下管线复杂基坑或开挖深度超过5m（含）基坑，土方开挖、支护、降水施工、变形监测未按照批准的专项施工方案实施或者基坑监测变形数据异常变化未采取有效措施的，应当判定为重大事故隐患。

第八条 使用淘汰的工艺设备以及其他严重违反铁路建设工程安全生产法律法规、规章及强制性标准，存在危害程度较大、可能导致群死群伤或造成重大经济损失的现实危险，应当判定为重大事故隐患。

第九条 铁路站房工程的生产安全重大事故隐患判定标准执行《房屋市政工程生产安全重大事故隐患判定标准》有关规定。

第十条 本标准由国家铁路局负责解释。

第十一条 本标准自印发之日起施行。

参考文献

[1] 卞斌彬,黄玉庆,刘志坚,等.基于双重预防机制的安全评价指标体系构建[J].中国安全科学学报,2022,32(S1):45-50.

[2] 曹文秀,李忠军.价值观形成的认知加工与培育路径探究[J].社会主义核心价值观研究,2021,7(6):49-56.

[3] 陈伟珂.地铁施工灾害预警系统模型与关键技术[M].北京:科学出版社,2015.

[4] 陈永良,李振明.事故预防与风险管理的理论与实践[M].北京:化学工业出版社,2018.

[5] 崔学毅.信息系统应急预案编制及其演练[J].铁路计算机应用,2015,24(7):35-37.

[6] 邓元胜,刘玮,戴佳希,等.加氢站双重预防机制数字化建设实践[J].现代职业安全,2023(12):54-57.

[7] 杜铠杰.铁路车务编组站双重预防机制建设与实践研究[J].运输经理世界,2024(11):163-165.

[8] 段伟明,胡新春,张琦,等.建立健全企业双重预防机制的方法研究[J].工业安全与环保,2024,50(1):80-84.

[9] 范登科.BIM与GIS融合技术在铁路信息化建设中的研究[J].铁道工程学报,2016,33(10):106-110,128.

[10] 范科峰,邓天舒.安全文化的缘起与内涵[J].中外企业文化,2022(6):3-4.

[11] 傅贵.安全管理学-事故预防的行为控制方法[M].北京:科学出版社,2013.

[12] 郭果,刘远航.浅谈风险分级管控与隐患排查治理双重预防机制的建设[J].产业科技创新,2023,5(3):32-34.

[13] 何达,张雅楠.双重预防机制实施保障体系研究[J].安全,2022,43(3):66-70.

[14] 贺闪,何延军,任瑞峰.双重预防机制建设的实践探讨[J].石化技术,2024,31(5):335-337.

[15] 胡国江.企业安全风险分级管控和隐患排查治理双重预防机制建设探究[J].中国科技投资,2024(13):104-106.

[16] 黄钢,吕凤军.公路工程建设项目安全生产双重预防机制建设研究[J].交通建设与管理,2024(2):80-82.

[17] 黄守平.正确认识双重预防机制推进动态化安全管理[J].化工管理,2022(20):

85-88.

[18] 黄宜勤.双重预防体系在水电站安全隐患排查中的应用[J].小水电,2024(4):57-60.

[19] 贾泽琳,姚有利,薛建伟,等.煤矿风险分级管控和隐患排查治理的信息系统构建[J].无线互联科技,2023,20(23):31-35.

[20] 赖志伟.城市轨道交通建设工程双重预防机制构建研究[J].都市快轨交通,2024,37(3):32-39.

[21] 李歌.风险分级管控和隐患排查治理双重预防机制体系研究[J].化工管理,2023(12):97-99.

[22] 李金彪.基于城市轨道交通运营安全的双重预防机制分析[J].运输经理世界,2024(20):10-12.

[23] 李娟.安全文化理论与实践在企业安全管理中的应用[J].现代职业安全,2024(9):71-73.

[24] 李文好.关于企业安全生产双重预防机制建设的思考[J].大众科技,2021,23(1):153-155.

[25] 李延超,王一冰,安琪.企业内部控制与风险管理[M].北京:人民邮电出版社,2023.

[26] 李迎顺,任晶,王晶晶.应急预案数字化发展方向及路径探讨[J].中国应急管理,2022(9):20-31.

[27] 李政,张春强,董晓斌.探讨企业安全控制管理体系构建[J].食品工业,2024,45(5):251-253.

[28] 梁晟耀.全面风险管理实务操作指南[M].北京:电子工业出版社,2015.

[29] 梁清.双重预防机制构建理论与实务探究[J].安全,2024,45(1):51-58.

[30] 刘洪太,王顺义,王伟,等.双重预防与安全生产的融合实践[J].中国石油和化工标准与质量,2024,44(2):16-18.

[31] 刘新军,孙华.基于双重预防机制建设的三个安全基本术语关系辨析[J].现代职业安全,2024(2):80-82.

[32] 龙鹏飞,周艳.双重预防机制在高速公路改扩建工程中的应用[J].价值工程,2023,42(27):140-142.

[33] 卢一帆.铁路运输企业双重预防机制体系建设的思考[J].邢台职业技术学院学报,2020,37(5):85-87.

[34] 罗孟然,刘加龙,王明锐.风险分级管控与隐患排查治理双重预防机制的探究与建立[J].中国石油和化工标准与质量,2024,44(18):4-6.

[35] 罗兆琛,胡炜杰,卢永前,等.基于数字化转型的石化企业双重预防机制运行效果提升

策略[J]. 现代化工,2024,44(S2):13-18.
[36] 马浩. 铁路工程安全文化建设探析[J]. 建筑安全,2021,36(2):58-59.
[37] 马世康,申铁军. 交通企业新型安全价值观具体体现及改进措施[J]. 四川建材,2021,47(9):218-219.
[38] 南水北调东线山东干线有限责任公司. 安全风险分级管控和隐患排查治理作业指导书[M]. 北京:中国水利水电出版社,2023.
[39] 倪金源. 现场施工安全风险分级管控及隐患排查治理体系的构建[J]. 城市建设理论研究(电子版),2024(23):61-63.
[40] 欧阳瑾煜. 构筑党建引领下的科研院所双重预防机制[J]. 现代企业文化,2024(10):112-114.
[41] 裴泽银,陈峡忠. 双重预防机制在化工园区安全管理中的应用[J]. 河南化工,2024,41(9):59-61.
[42] 阮学程. 公路水运工程建设项目双重预防机制建设与应用[J]. 企业科技与发展,2024(5):87-90.
[43] 沈正旭. 双重预防机制在国家储备成品油库安全管理中的应用[J]. 中国粮食经济,2024(8):37-40.
[44] 宋力榕. 我国铁路应急预案体系研究[J]. 铁道运输与经济,2012,34(5):1-4,9.
[45] 孙景全. 安全生产双重预防机制建设工作研究[J]. 化工管理,2022(17):77-79.
[46] 孙明泽,石家林,张晋瑜. 双重预防机制在化工安全生产管理中的应用研究[J]. 现代职业安全,2024(9):38-40.
[47] 孙有才,王兆雨,张京波,等. 基于京津冀一体化的河北铁路信息化建设研究[J]. 铁道运输与经济,2015,37(4):51-54.
[48] 谭晶,郑珂. 铁路信息化建设的几点思考[J]. 中国新通信,2018,20(20):64-65.
[49] 屠建清. 企业内部管理与风险控制实战[M]. 北京:人民邮电出版社,2020.
[50] 汪海,陈志. 双重预防机制建设存在的问题及改进措施[J]. 上海轻工业,2023(4):95-97.
[51] 王福兴. 浅析安全风险双重预防机制在高速铁路施工中的应用[J]. 四川水泥,2023(10):243-245.
[52] 王俊峰. 铁路安全文化刍议[J]. 中国铁路,2003(7):44-47,10.
[53] 王琳,寸学军. 企业内部控制与风险管理案例研究[M]. 北京:知识产权出版社,2020.
[54] 王明哲. 铁路客站客运安全保障体系研究[J]. 铁路计算机应用,2024,33(8):1-5.
[55] 王前军. 基于5G-R的铁路信息化建设和运用架构研究[D]. 北京:中国铁道科学研究

院,2022.

[56] 王蔚.煤炭企业全面风险管理与内部控制研究[M].太原:山西经济出版社,2017.

[57] 王先华,徐克,赵云胜,等.企业安全风险辨识评估技术与管控体系[M].北京:化学工业出版社,2023.

[58] 王勇.浅析我国铁路安全管理现状存在的风险隐患和对策建议[J].中国储运,2024(9):173-174.

[59] 王羽,李晨霞,齐含钊,等.压实企业责任　筑牢安全堤坝——河南省在建项目强化安全生产管理侧记[J].建筑,2023(7):104-105.

[60] 王周伟.风险管理[M].北京:机械工业出版社,2022.

[61] 魏山峰.安全生产双重预防机制相互关系研究[J].中国安全科学学报,2023,33(S1):64-68.

[62] 习年生,王高磊,施泳,等.铁路安全风险控制措施有效性评估方法研究[J].铁道运输与经济,2024,46(3):148-155.

[63] 熊少军.信息化技术在铁路工程建设项目管理中的应用研究[J].中国建材科技,2021,30(5):125-126.

[64] 徐晟洲.企业安全文化建设实践经验连载——双重预防机制建设的核心与要点[J].劳动保护,2024(10):32-345.

[65] 徐杨,张源,王昭华.数字化系统在危化品企业双重预防机制建设中的应用[J].石化技术,2024,31(3):290-292.

[66] 闫东晖,王杰.基层双重预防机制建设中解决"两张皮"问题的实践与启示[J].民航管理,2024(6):68-71.

[67] 杨晨,谢文广,罗阳帆.铁路双重预防机制运行评价体系研究[J].中国铁路,2023(6):1-6.

[68] 杨强,孙景全,张树丽,等.基于风险理论的双重预防机制建设研究[J].中国石油和化工标准与质量,2023,43(8):50-52.

[69] 杨真珍.人力资源薪酬管理中的绩效考核问题分析[J].中国产经,2023(2):97-99.

[70] 姚玉侠.铁路企业安全风险"双重预防机制"研究——以普速铁路工务系统为研究对象[J].铁路采购与物流,2023,18(10):60-62.

[71] 叶鹏飞.双重预防机制创建现状调研分析及对策研究[J].中小企业管理与科技,2024(15):67-69.

[72] 俞素平,肖冰.交通土建工程安全风险评估与控制[M].厦门:厦门大学出版社,2022.

[73] 袁恩泽,梁梦晴,王雪薇,等.铁路网络安全应急预案评价方法研究[J].网络安全技术

与应用,2023(9):120-124.
[74] 岳雪梅,高春霞,张文塔.中国铁路总公司信息化标准体系建设研究[J].中国铁路,2015(5):11-15.
[75] 詹金凤,徐庆蔚,何玉玲.影响铁路职工不安全行为的因素研究[J].铁路节能环保与安全卫生,2021,11(2):59-64.
[76] 张国良.建设安全风险分级管控与隐患排查治理双重预防机制的策略[J].化工管理,2021(28):115-116.
[77] 张开冉,盛泠铃.高速铁路安全文化理论体系研究[J].铁道运输与经济,2021,43(3):57-62.
[78] 张明,董守放,任俊桦,等.铁路信息系统网络安全应急预案规范化编制研究[J].网络安全技术与应用,2023(6):113-115.
[79] 张荣欣.交通运输安全生产隐患双重预防机制建设研究[J].运输经理世界,2022(36):135-137.
[80] 张瑞国,李纪上,孙启丽,等.浅谈双重预防体系与安全生产标准化之间的关系[J].中国水泥,2024(S1):25-27,31.
[81] 张胜利.双重预防机制本质内涵及运行质量保障[J].劳动保护,2022(1):44-45.
[82] 张新征.铁路公用物流信息平台建设研究[D].北京:北京交通大学,2007.
[83] 张宜顺,王从高.双重预防机制信息化系统的应用及优化[J].劳动保护,2024(9):104-106.
[84] 张占伟,安漫雪,王瑛.浅谈水泥企业如何构建双重预防机制体系[J].石河子科技,2024(4):17-19.
[85] 赵发伟,尹德林,杜征强.物流仓储管理作业中的安全管理体系建设研究[J].中国航务周刊,2024(41):70-72.
[86] 赵勇,翟家齐,康玲,等.调水工程水文风险管理理论与实践[M].北京:中国水利水电出版社,2014.
[87] 郑亚丽.A校小学教师绩效考核优化研究[D].西安:西安理工大学,2024.
[88] 周进,朱克非,李博.铁路运输安全风险网络化分析方法[M].北京:中国铁道出版社,2022.
[89] 周玮,苏妍.企业风险管理[M].北京:机械工业出版社,2022.
[90] 周鑫,王鹏,张鑫雨.建设工程项目双重预防机制建设的实施探讨[J].建筑安全,2023,38(10):68-71,77.
[91] 祝成军.双重预防机制如何有效实施[J].现代职业安全,2023(3):100-102.

[92] 祝世登,王闯,王元军,等.供电企业关于人的不安全行为闭环管控研究[J].云南水力发电,2024,40(3):149-154.

[93] 河北省市场监督管理局.企业双重预防机制信息管理平台建设规范:DB 13/T 5740—2023[S].北京:原子能出版社,2023.

[94] 李爽.煤矿双重预防机制建设实施指南[M].北京:煤炭工业出版社,2018.

[95] 刘凌燕,蒋武,周琪,等.危险化学品企业重大风险辨识评估与分级管控[M].北京:化学工业出版社,2022.

[96] 王先华,徐克,赵云胜,等.企业安全风险辨识评估技术与管控体系[M].北京:化学工业出版社,2023.